이기고 싶으면
스포츠 과학

나와 함께 뒷마당에서 온갖 스포츠를 섭렵하다 못해

새로운 스포츠 종목까지 발명해서 놀았던

내 형제 스티브, 테드, 제프에게

THE SECRET SCIENCE OF SPORTS
: The Math, Physics, and Mechanical Engineering Behind Every Grand Slam, Triple Axel, and Penalty Kick
by Jennifer Swanson

이기고 싶으면 스포츠 과학

인포그래픽으로 보는 수학, 물리학, 공학, 생물학의 비밀

제니퍼 스완슨 지음

조윤진 옮김

다른

미국 최고의
STEM 분야
선정 작가

창의융합
사고력을 키우는
과학 필독서

들어가며
스포츠 과학의 비밀을 찾아서

이 책을 집어 든 여러분은 아마 스포츠에 관심이 많을 거예요. 경기에서 더 좋은 성과를 내는 방법이 궁금해서(책 속에 방법이 들어 있어요), 어떻게 해야 더 건강한 몸을 가꿀 수 있는지 알고 싶어서(이 내용도 있고요), 아니면 그저 다양한 스포츠를 배우고 싶어서(이 책을 읽으면 돼요) 책을 집어 들었을 수도 있죠. 제목에서 알 수 있듯이 이 책은 '스포츠 과학'에 관한 이야기예요. 스포츠에서 왜 과학을 이야기하느냐고요? 서로 거리가 멀어 보이긴 하죠. 교실에 앉아 과학 수업을 듣기만 해도 스포츠를 더 잘하게 된다면 또 모를까요. 그런데 실제로 과학을 배우면 스포츠를 익히는 데 도움이 된답니다. 놀랍나요? 그렇게 놀랄 필요 없어요. 과학(Science), 기술(Technology), 공학(Engineering), 수학(Math) 분야를 아우르는 스템(STEM)을 통해 어떻게 하면 스포츠를 더 잘할 수 있는지 알 수 있거든요.

스포츠는 모두 조금씩이라도 이 주제와 연관되어 있습니다. 직접 운동을 한다면 운동을 할 때마다 이미 스템을 몸소 행하고 있는 거예요! 운동과 과학은 서로 떼려야 뗄 수 없는 사이입니다. 야구 배트와 야구공, 테니스 라켓과 테니스공, 하키 스틱과 하키공처럼요. 감이 오죠? 과학을 알면 스포츠를 더 쉽게 이해할 수 있습니다(쉿, 함부로 말하고 다니지는 마세요. 비밀

이거든요). 이렇게 설명해 볼게요. 공을 던지는 건 물리학입니다. 팀으로 경기를 하는 건 신경 과학의 범주인 뇌 과학에 들어가요. 축구공을 몇 번이나 받는지, 덩크 슛을 얼마나 성공하는지 통계를 내는 건 수학이고요. 헬멧, 러닝화, 축구화, 어깨나 무릎 보호대 같은 다양한 스포츠 장비는 공학을 활용해 만들어져요. 맞아요! 스템이란 결국 스포츠예요. 과학 수업 하면 분명 생물이나 화학만 떠올렸겠죠(이것들 역시 스포츠에서 찾아볼 수 있어요).

그럼 이 책은 스템과 스포츠에 관한 책이냐고요? 너무 지루하게 들린다고요? 글쎄요, 스템이 그렇게 신나는 주제는 아닐 거라고 생각할 수도 있죠. 하지만 그건 오해예요! 스포츠에 숨은 과학, 기술, 공학 그리고 수학은 꽤 멋지고 흥미롭기까지 하거든요. 이 책을 읽으면 지식은 물론이고 스포츠를 더 잘할 수 있답니다. 정말로요. 책 속에서 실제 스포츠 동작과 관련된 정보를 잘 습득하면, 농구공을 넣을 확률이 높아지고 야구공을 더 멀리 보낼 수 있어요. 몸도 훨씬 민첩해지고요. 여러분은 책 속으로 몸을 던지기만 하면 돼요(몰입하란 얘기지, 진짜 몸을 던지란 얘기는 아니에요!). 이제 뒷장을 이어 읽으면서, 스포츠 과학을 활용해 경기에서 최고의 성과를 내는 방법을 알아볼까요?

CHAPTER 1 스포츠에서 과학 발견하기

과학은 스포츠에서 정말 많은 부분을 차지하고 있어요. 주제 하나를 고르기가 어려울 정도로요. 이번 장에서는 생물학과 생명 과학의 관점에서 살펴볼 거예요. 거의 모든 사람이 궁금해하던 주제라고 할 수 있죠. 물론 스포츠에는 다른 과학적인 요소들이 훨씬 더 많습니다. 여기서 해결되지 않은 궁금증은 스스로 더 찾아봐요!

어떤 운동이든 누구나 마음만 먹으면 할 수 있을까요? 당연히 정답은 '예' 입니다. 배우고, 이해하고, 연습할 의지만 있다면 어떤 운동이든 할 수 있어요. 그렇다면 질문을 바꿔 볼게요. 큰 손이나 탄탄한 근육, 속도, 민첩성 같은 신체 특성이 스포츠에 도움이 될까요? 네, 그럼요. 아래 그림을 보면

스포츠 종목마다 도움이 되는 신체 특성을 알 수 있습니다. 기본적으로 농구, 레슬링, 역도를 잘하는 운동선수는 키가 크고 근육이 발달했습니다. 하지만 세계적인 체조 선수, 육상 선수, 복싱 선수는 상대적으로 키가 작고 몸집이 작은 편이죠.

우리 몸의 비밀, 신체 과학

스포츠 종목마다 선호하는 체형이 왜 다를까요? 그 이유는 물리학에 있습니다. 몸집이 큰 사람은 에너지가 많고, 더 큰 힘으로 다른 사람을 밀어낼

궁금증 해결! **항력을 줄여라!**

항력이란 물이나 공기를 뚫고 이동할 때 우리를 뒤로 미는 힘을 말합니다. 항력은 우리가 이동하는 방향과 반대 방향으로 작용해요. 수영장에 가서 물속을 걸어 본 적 있나요? 땅에서 걸을 때보다 훨씬 더 힘들었을 거예요. 그때 느껴지는 힘이 항력입니다.

항력은 왜 물속에서 더 커질까요? 공기보다 물이 밀도가 더 높기 때문입니다. 당연히 바람이 많이 부는 날에는 맑은 날보다 항력이 더 커지겠죠. 공기가 우리 몸을 스치며 지나기 때문에 그 공기를 뚫고 지나가기 위해서는 더 많은 에너지가 필요합니다. 바람이 부는 쪽으로 몸이 쏠리는 느낌을 받아 봤을 거예요.

운동선수들도 똑같아요. 사이클링 선수는 항력을 줄이기 위해 자전거 위로 몸을 숙입니다. 항력은 속도에 아주 큰 영향을 미치거든요! 어때요, 아직도 물리학이 과학을 좋아하는 친구들에게만 재밌는 이야기 같나요?

수 있습니다. 미식축구(럭비와 축구를 혼합한 미국의 대표적인 스포츠)나 레슬링 경기에서 그러는 것처럼요. 배구공이나 테니스공을 네트 너머로 더 세게 넘길 수도 있겠죠. 노를 젓는 힘도 강해서 조정 경기에서 보트를 더 멀리 밀고 나아갈 수도 있습니다. 하지만 몸집이 큰 사람들은 더 큰 항력을 견뎌야 합니다. 항력이란 공기나 물 같은 유체를 뚫고 나아갈 때 가려는 방향과 반대쪽으로 작용하는 힘이에요.

몸집이 작은 사람들은 더 작은 항력을 받습니다. 쉽게 이해되죠? 몸이 자그마하면 훨씬 더 적은 양의 공기나 물을 뚫고 가면 될 테니까요. 그래서 세계적인 육상 선수들은 체격이 작고 호리호리하답니다. 몸집이 큰 사람

에 비해 항력의 영향을 적게 받으므로 더 빠르게 달릴 수 있기 때문입니다.

그렇다면 체격이 작은 사람은 체격이 우람한 근육질의 운동선수만큼 강해질 수 없는 걸까요? 전혀 아니에요. 세계적인 미국의 기계체조 선수인 시몬 바일스를 생각해 보세요. 키가 겨우 146센티미터밖에 안 되지만 하늘 높이 날아올라요. 그러려면 아주 많은 힘이 필요해요! 바일스는 강한 몸을 지닌 운동선수예요.

몸집이 큰 사람이 멋진 체형을 지닐 수 없다는 뜻도 아니에요. 당연히 훌륭한 몸매를 가꿀 수 있어요. 몸의 크기는 훌륭한 체형을 만들 수 있을지 없을지를 결정하는 요소가 아닙니다.

하나만 기억하세요. 신체 과학이 운동 성과에 영향을 미치는 건 맞지만, 그게 전부는 아니라는 점을요. 키가 크고 마른 사람도 조정 선수나 미식축구 선수가 될 수 있습니다. 키가 작고 근육이 많은 사람도 뛰어난 수영 선수나 배구 선수가 될 수 있고요. 모든 법칙에는 언제나 예외가 있답니다.

몸의 크기가 특정한 스포츠에서 이점으로 작용한다는 건 이제 알겠죠. 그렇다면 내가 원하는 대로 몸을 바꿀 수 있을까요? 어느 정도는 가능해요. 갑자기 키가 커질 수는 없지만, 열심히 운동해서 근육을 만들 수는 있거든요. 아주 오랫동안 매일 몸을 단련한 운동선수들은 신체 변화를 눈으로 마주한답니다.

역도 선수는 항상 역기를 들기 때문에 크고 강력한 근육을 지니게 됩니다. 육상 선수들은 늘 뛰면서 체지방을 태우기 때문에 길고 가느다란 근육을 지니게 되죠. 스케이팅 선수들은 얼음이나 지면을 밀어내면서 아주 튼실한 다리를 갖게 돼요. 농구 선수들은 높은 골대로 공을 던지는 연습을

궁금증 해결! **체지방은 무조건 나쁠까?**

아니에요! 살아가기 위해서 우리는 모두 지방이 필요합니다. 지방은 신체를 따뜻하게 유지해 줍니다. 위, 간, 장 같은 몸속 장기들을 보호하는 역할도 하고요. 지방은 음식 저장 장치라고도 할 수 있습니다. 에너지가 떨어지면 지방을 태워서 에너지를 만들거든요.

혹시 뇌의 60퍼센트가 지방이란 사실을 알고 있었나요? 정말이에요! 지방은 뇌가 잘 작동하도록 도와줍니다. 우리는 체지방을 보통 몸매가 얼마나 날씬한지 보여 주는 지표로 활용하죠. 하지만 체지방을 0퍼센트로 만드는 걸 목표로 삼아서는 안 돼요. 체지방이 없으면 몸이 아주 허약해지거든요. 뛰어난 운동선수들도 남자라면 적어도 체지방으로 3퍼센트, 여자라면 12퍼센트를 유지해야 합니다.

그렇다면 체지방이란 무엇일까요? 몸무게가 32킬로그램이라고 가정할게요. 이 숫자만으로는 몸이 어떻게 구성됐는지 아무것도 알 수 없습니다. 몸무게에서 70퍼센트는 근육과 신체 조직이고, 나머지 30퍼센트는 체지방일까요? 아니면 85퍼센트가 근육이고, 15퍼센트가 체지방일까요? 운동선수라면 근육을 늘리고, 체지방을 줄이는 걸 목표로 삼아야 합니다.

체지방은 어떻게 계산할까요? 의사들은 체질량 지수(BMI)라는 지표를 사용합니다. 아래 나와 있는 미국 국립 보건원의 계산법을 활용하면, 손쉽게 자신의 체질량 지수를 알 수 있어요. 만약 몸무게가 32킬로그램이고 키가 1.4미터(140센티미터)라면 체질량 지수는 16.3이 됩니다.

1단계: 몸무게가 몇 킬로그램(kg)인지 측정합니다.

2단계: 키가 몇 미터(m)인지 측정합니다.

3단계: 키를 제곱합니다. 키가 1.4미터라면 1.4를 두 번 곱하면 됩니다.

4단계: 몸무게를 키의 제곱으로 나눕니다.

우리나라에서는 성인 기준으로 체질량 지수가 18.5에서 24.9 사이면 정상으로 봅니다. 청소년의 체질량 지수는 같은 연령대와 비교가 필요하기 때문에 성인과 다릅니다. 의사에게 문의하는 편이 정확해요.

내 체질량 지수를 바꿀 수 있을까요? 그럼요. 운동을 하면 체질량 지수를 바꿀 수 있습니다. 속도나 도약 능력을 키워 주는 운동도 도움이 되죠. 이러한 특성들은 운동 성과를 높여 줍니다. 장기적인 관점에서 보면, 성과는 몸의 크기나 체형에 달린 게 아닙니다. 얼마나 열심히 운동하고 집중하는지에 달려 있죠.

하기 때문에 일반인보다 훨씬 더 높이 뛸 수 있습니다. 외모만 보고 어떤 유형의 운동선수인지 알아맞힐 수도 있어요. 항상 맞는 건 아니지만요!

예를 들어 수영 선수는 다른 운동선수에 비해 지방이 더 많은 편입니다. 왜 그럴까요? 여분의 지방이 있으면 몸의 부력이 커져서 물에 더 쉽게 뜨기 때문입니다. 물에 잘 뜰수록 헤엄쳐 나갈 때 추진력이 덜 필요해요.

큰 몸 아니면 작은 몸?

실제 스포츠에서 몸의 크기가 어떻게 작용하는지 살펴봅시다. 미식축구 선수를 떠올리면 어떤 모습이 그려지나요? 키가 우뚝 솟아 있고 몸집이 커다란 근육질의 선수? 키는 작지만 몸이 날렵해서 민첩한 동시에 힘있게 움직이는 선수? 아니면 작은 체구를 활용해 아주 빠르게 자유자재로 움직이는 선수? 어떤 모습을 상상했든 전부 정답입니다.

미식축구 선수들을 살펴봅시다. 몸집이 큰 선수들은 필드에서 라인에 자리할 확률이 높습니다. 이 라인을 '스크리미지 라인'이라고 부릅니다. 필드 위에서 공격팀이 갖고 움직이는 공의 위치에 따라 이 라인의 위치가 정해져요. 몸집이 큰 선수들은 서로 마주 보고 일렬로 늘어서서 상대편이 공을 움직이지 못하도록 막습니다. 이 선수들을 '라인맨'이라고 부릅니다. 라인맨은 큰 근육을 활용해 상대편 라인맨의 경로를 방해하거나 쿼터백을 밀어냅니다. 공격팀에서는 센터, 가드 그리고 태클 포지션이 이 역할을 맡습니다. 수비팀에서는 디펜시브 태클과 디펜시브 엔드 포지션이 라인

공격 (현재 공을 갖고 있는 팀)

QB = 쿼터백	TE = 타이트 엔드
C = 센터	RG = 라이트 가드
RB = 러닝백	LG = 레프트 가드
FB = 풀백	RT = 라이트 태클
WR = 와이드 리시버	LT = 레프트 태클

수비 (현재 공을 갖고 있지 않은 팀)

DT = 디펜시브 태클

DE = 디펜시브 엔드

LB = 라인배커

S = 세이프티

CB = 코너백

맨입니다.

다른 선수들은 이 라인맨들보다 체구가 작은 편이지만, 속도는 훨씬 빠릅니다. 공격팀의 타이트 엔드, 풀백 그리고 러닝백 포지션이 그렇습니다. 선수들을 막기 위해 힘도 세야 하지만 필드를 뛰어 공을 잡을 수 있을 만큼 속도도 빨라야 하죠. 와이드 리시버는 보통 공격팀에서 가장 빠른 선수들입니다. 쿼터백이 공을 던지면 뛰어가 공을 잡는 역할이기 때문이에요. 와이드 리시버는 자신에게 태클을 거는 수비팀의 코너백과 세이프티의 견제를 받습니다. 이처럼 미식축구 선수들은 다양한 체격을 가지고 있지만 두 가지 공통점이 있습니다. 바로 힘과 속도입니다.

큰 몸집이 이점이 될 수 있는 스포츠로는 레슬링(체급만 충족한다면), 럭비, 역도, 포환던지기나 해머던지기 그리고 조정이 있습니다. 몸이 작아야 유리한 스포츠도 많습니다. 앞에서 언급했듯이 체조는 키가 작은 사람에게 훨씬 유리하죠. 몸집이 작으면 몸을 아주 단단히 감아 공중에서 여러 바퀴를 회전하고 착지할 수 있어요. 육상, 크로스컨트리(들판이나 언덕 같은 자연 지형을 달리는 경주), 사이클링 그리고 경마에서도 유리합니다. 말 위에서 몸을 최대한 작게 웅크리면 항력을 줄일 수 있거든요. 몸이 가벼울수록 말이 느끼는 부담도 적어집니다.

몸의 크기는 분명히 운동 성과에 영향을 미칩니다. 그러면 몸의 크기를 바꿀 수 있는 방법이 있을까요? 당연하죠. 근력을 키우기 위해 역기를 들 수도 있고, 근육량을 늘리기 위해 식단을 조절할 수도 있습니다. 하지만 어떤 선택을 하든 건강한 방법을 따라야 해요. 건강한 몸을 만드는 게 최종 목표니까요!

농구 선수는 왜 키가 클까?

키 역시 스포츠에서 중요한 역할을 차지합니다. 키가 크면 몇몇 스포츠에서 정말 도움이 많이 되거든요. 아마 농구가 바로 떠오를 거예요. 남자든 여자든 농구에서 큰 키는 장점입니다. 농구 코트에서 공을 던져 넣는 둥근 림은 지상에서 3.05미터 떨어져 있습니다. 키가 클수록 림에 가까워지므로 공을 넣을 확률도 더 높아집니다.

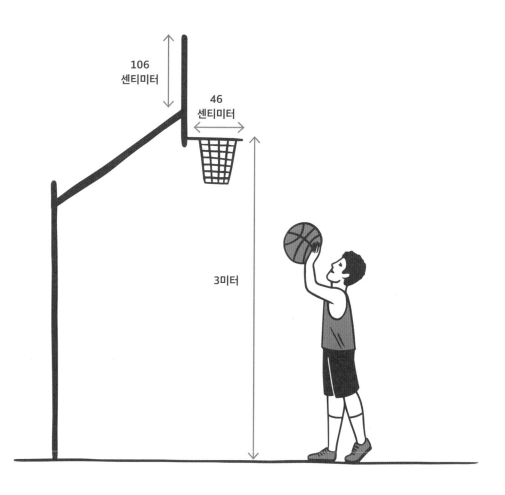

106
센티미터

46
센티미터

3미터

미국 프로 농구 협회(NBA)에서 뛰는 남자 농구 선수들의 평균 신장은 약 2미터입니다(낙타의 키와 비슷해요). 하지만 이보다 키가 훨씬 작은 선수들도 있습니다. 몇 명만 소개할게요.

먹시 보그스 - 160센티미터

얼 보이킨스 - 165센티미터

멜빈 허시 - 168센티미터

스퍼드 웹 - 170센티미터

그레그 그랜트 - 170센티미터

미국 여자 프로 농구 협회(WNBA)의 평균 신장은 약 183센티미터지만 키가 2미터를 넘어 최대 218센티미터에 달하는 여자 농구 선수도 있어요. 다음 선수들을 소개합니다.

마르고 디데크 - 218센티미터

마리야 스테파노바 - 203센티미터

린지 테일러 - 203센티미터

정 하이샤 -203센티미터

리즈 캠비지 - 203센티미터

브리트니 그리너 - 203센티미터

코치들 말로는 키만 크다고 좋은 농구 선수가 되는 건 아니라고 합니다.

속도, 지구력, 민첩성은 물론이고, 높이 뛰는 능력(높이뛰기를 말하는 건 아니에요, 이건 또 하나의 운동 종목이죠)도 필요하거든요! 그러니까 키가 크지 않다고 걱정할 필요는 없어요. 키가 작아도 농구를 잘할 수 있습니다.

궁금증 해결! 키가 크면 손도 클까?

키가 큰 사람은 키만 큰 게 아니라 손발도 크답니다. 다른 사람보다 손이 크다면 농구에 도움이 아주 많이 돼요. 왜일까요? 손이 크면 농구공을 많이 감쌀 수 있고, 농구에서 손바닥으로 공을 잡는 기술인 파밍을 할 수 있거든요. 그리고 손가락이 길면 손이 작은 사람보다 농구공을 훨씬 더 단단하게 잡을 수 있습니다. 다시 말해 공을 놓치지 않고 더 잘 다루며, 강하게 잡아 정확한 슛을 쏠 수 있다는 뜻입니다. 여섯 번이나 NBA 챔피언에 오른 마이클 조던처럼 커다란 손을 갖고 있으면 농구를 할 때 훌륭한 장점이 될 거예요!

큰 키가 장점이 되는 또 하나의 스포츠는 바로 수영입니다. 좀 의아할 수도 있을 거예요. 수영은 엎드리거나 누워서 하는 경기니까요. 하지만 키가 크면 날개 길이가 길어집니다. 날개 길이는 날개를 가진 조류뿐 아니라 사람에게도 중요한 차이를 만듭니다.

마이클 펠프스는 올림픽에서 메달 28개를 딴 역대 최고의 수영 선수입니다. 펠프스의 키는 193센티미터이고, 날개 길이는 204센티미터예요. 올림픽에서 메달 6개를 딴 미시 프랭클린은 키 188센티미터에 날개 길이는 193센티미터입니다.
두 선수 모두 본인의 키보다 날개 길이가 더 깁니다. 날개 길이는 수영 선수에게 아
주 중요한 특징 같죠?

204
센티미터

193
센티미터

마이클 펠프스

193
센티미터

188
센티미터

미시 프랭클린

날개 길이 측정하기

준비물

- 줄자
- 친구 1명

날개 길이가 뭔지 궁금한가요? 한번 측정해 봅시다. 똑바로 서서 양팔을 어깨높이에서 쭉 뻗으세요. 친구가 왼손 가운뎃손가락 끝에서부터 오른손 가운뎃손가락 끝까지 길이를 잽니다. 이제 머리 꼭대기부터 땅바닥까지 키를 재세요. 그리고 두 수치를 비교해 보는 거예요. 날개 길이는 본인의 키와 얼추 비슷할 겁니다.

수영에서 날개 길이는 왜 중요할까요? 그 이유는 팔이 길수록 더 멀리까지 뻗을 수 있기 때문입니다. 핵심은 팔을 저을 때마다 더 많은 양의 물을 뒤로 보낼 수 있다는 거예요. 그러면 더 큰 추진력을 낼 수 있거든요. 경쟁자들보다 손가락을 더 길게 뻗을 수 있기 때문에 사진 판정에서도 유리합니다. 날개 길이가 길면 유리한 스포츠로는 배구, 테니스 그리고 미식축구가 있습니다.

날개 길이를 더 늘릴 방법은 없어요. 키가 얼마나 크냐에 좌우되는 거니까요. 하지만 이걸 꼭 명심하세요. 날개 길이가 길지 않다고 해서 훌륭한 농구 선수나 수영 선수가 될 수 없는 건 아닙니다. 목표가 있다면 이루기 위해 노력하세요!

수직 도약 측정하기

준비물

- 의자
- 줄자
- 친구 1명

높이 뛰는 능력이 필요한 스포츠 하면 맨 먼저 농구가 떠오를 거예요. 농구 경기에서는 당연히 높이 뛰어 공을 던질 일이 많습니다. 이 점프를 '수직 도약'이라고 불러요. 수직 도약이란 똑바로 일어선 상태에서 공중으로 얼마나 뛰어오를 수 있는지를 의미합니다. 자신이 얼마나 높이 뛸 수 있는지 궁금하지 않나요?

의자 하나와 줄자를 준비하세요. 의자는 어떤 높이든 상관없습니다. 여러분이 뛰어오를 때 그 의자가 친구의 시야에 들어오기만 하면 되거든요. 의자는 움직이지 않으므로 여러분이 뛸 때 친구는 의자와 비교해서 여러분이 얼마나 높이 뛰었는지 가늠할 수 있습니다.

준비됐나요? 무릎을 굽히고 팔을 뒤로 젖혔다가(이건 선택 사항이에요) 위로 힘껏 뛰어오르세요! 의자를 기준으로 발이 어디까지 올라갔는지 친구가 봤을 거예요. 바닥에서부터 뛰어오른 높이까지 줄자로 잽니다. 그러면 수직 도약의 높이를 알 수 있어요. 이번에는 자리를 바꿔서 친구가 뛰도록 합니다. 그리고 높이를 비교해 보세요. 누가 팔을 더 크게 휘둘렀나요? 도움닫기를 했나요? 더 높이 뛸 수 있는 방법을 연구해 보세요.

아주 높이 뛰어야 하는 스포츠에는 또 무엇이 있을까요?

체조와 **스케이팅** 경기에서 선수는 모두 공중으로 높이 뛰어올라야 합니다. 땅에서 발이 충분히 떨어지지 않으면 몸을 뒤집어 넘기거나 회전을 다 돌기 전에 바닥에 부딪히고 말겠죠. 물론 체조 선수들은 탄력이 있는 매트 위에서 경기를 합니다. 반면에 스케이팅 선수는 아주 얇고 단단한 날 하나에만 의지한 채 얼음판 위에서 균형을 잡아야 합니다.

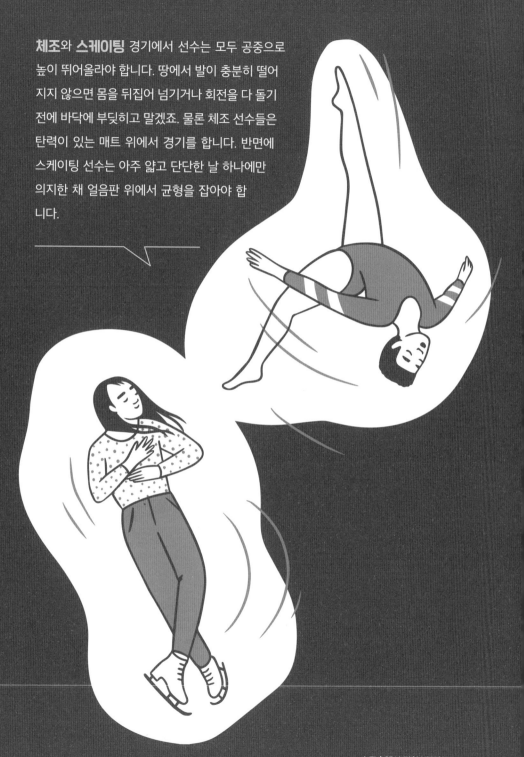

멀리뛰기 선수는 지면을 수평 방향으로 최대한 넓게 감싼다는 느낌으로 앞을 향해 도약합니다.

높이뛰기 선수는 수직 도약을 하는 대신 뒤로 돌아 넘습니다. 막대가 떨어지면 무효가 되므로 공중제비 능력이 필요합니다.

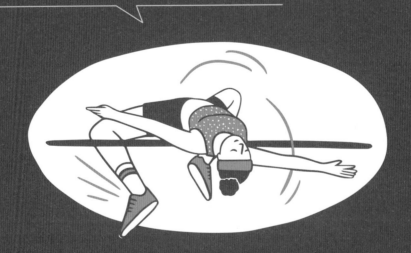

축구 선수들은 공을 막거나 차기 위해
높이 뛰어야 할 때가 있습니다.

수직 도약 실력을 키울 수 있을까요?

물론이죠! 수직 도약을 하는 힘은 다리에서 나옵니다.

다리 근육을 키우면 더 높이 뛸 수 있어요.

다음 운동을 따라 해보세요.

런지

계단 오르기

수직 도약 실력이 좋아지려면 시간이 필요합니다.
코치, 트레이너, 부모님에게 수없이 듣는 말처럼
연습, 또 연습하세요!

스쾃

제자리 뛰기

유연성과 스트레칭

운동선수라면 빠르게 움직이고, 피하고, 돌고, 점프하고, 물속에 뛰어들고, 달릴 수 있어야 합니다. 모든 동작에 준비된 신체를 만드는 것이 중요하죠. 관절이나 근육의 가동 범위를 활용하는 능력인 유연성이 그러한 신체를 만드는 데 도움이 됩니다. 잠깐, 가동 범위가 뭐냐고요? 가동 범위란 관절 한곳에서 움직일 수 있는 정도를 나타냅니다. 예를 들어 사람은 어깨 관절에 달린 팔로 원을 그릴 수 있습니다. 팔꿈치 관절에 달린 팔뚝으로도 원을 그릴 수 있고요. 발목으로 발을 돌리거나 골반 또는 무릎으로 다리를 돌리는 것도 마찬가지입니다.

궁금증 해결! 얼마나 유연할까?

알다시피 체조 선수나 스케이팅 선수는 아주 유연해야 해요. 왜 그럴까요? 체조 선수가 허공에서 온갖 재주를 넘으려면 몸을 단단히 감을 수 있어야 하거든요. 스케이팅 선수 역시 공중으로 날아오르거나 계속해서 몸을 돌리기 위해서는 팔과 다리를 특정한 형태로 구부려야 합니다. 사실 유연성은 거의 모든 스포츠에서 아주 중요해요. 유연하면 근육과 관절이 쉽게 움직이거든요.

이제 나비 스트레칭으로 유연성을 시험해 볼 시간입니다! 바닥에 허리를 꼿꼿이 세우고 앉아 발바닥은 마주 붙이고 무릎은 서로 바깥을 향하게 구부리세요. 발목이나 발을 잡고 배에 힘을 주며 발을 향해 천천히 몸을 숙입니다. 동시에 할 수 있는 만큼 무릎을 바닥 쪽으로 누르세요. 몸을 숙이는 게 너무 어렵다면 무릎만 눌러도 괜찮습니다. 이 동작으로 30초에서 2분을 버티면 됩니다.

스포츠에서 유연성은 두 가지 이유로 중요합니다. 첫째, 부상을 방지해 줍니다. 둘째, 몸이 부드럽게 움직입니다. 운동선수가 경기 전에 스트레칭을 하는 모습을 본 적 있나요? 아마 있을 거예요. 운동선수들은 경기에 앞서 스트레칭을 합니다. 제자리에서 뛰거나 가볍게 운동을 할 때도 있습니다. 그렇게 하면 근육이 따뜻해지거든요. 그래서 '웜업(warm up)'이라고 불러요. 실제로 혈액이 돌면서 심장이 살짝 뛰기 시작합니다. 팽팽하게 긴장한 근육을 스트레칭으로 풀어 주는 거예요. 긴장한 근육은 빠르게 반응할 수 없습니다. 근육이 굳은 상태로 움직이면 부상을 입기 쉬워요.

유연하다는 건 느슨한 상태라는 뜻이기도 합니다. 부드럽게 움직일 수 있죠. 운동선수는 근육이 유연해야 합니다. 근육이 잘 풀려 있으면 적절한 순간에 빠르고 힘 있게 움직일 수 있습니다.

민첩성으로 더 빠르게!

지금까지 몸의 크기, 키, 날개 길이, 수직 도약 그리고 유연성에 대해 알아봤습니다. 또 뭐가 남았을까요? 속도와 민첩성은 거의 모든 스포츠에서 핵심이 되는 요소입니다.

'속도'는 얼마나 빠르게 움직일 수 있는지를 나타냅니다. 라크로스(끝에 그물이 달린 스틱으로 공을 쳐서 득점을 겨루는 스포츠), 축구, 미식축구, 농구, 육상 등 많은 스포츠에서 빨리 달릴 수 있는가를 의미하죠. 얼마나 빨리 헤엄치는지 또는 얼마나 빨리 스케이트를 타는지를 의미할 때도 있습니다. 스포츠에서는 시간이 중요하기 때문에 가장 먼저 결승선을 통과하거나 득점을 내거나 주어진 시간 안에 공넌을 마쳐야 하는 경우도 있습니다. 득

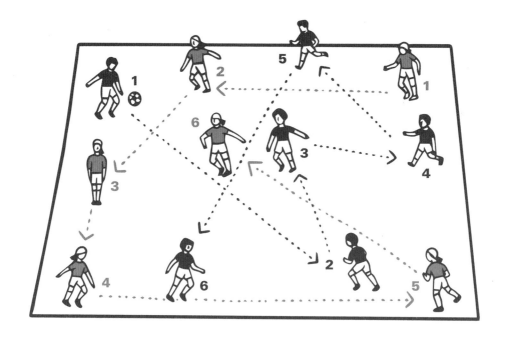

도를 내야 한다는 뜻이죠!

　'민첩성'이란 얼마나 쉽게 움직일 수 있는지를 나타냅니다. 시작하고, 멈추고, 방향을 바꾸고, 공중제비를 넘고, 한쪽에서 다른 쪽으로 빠르게 움직일 수 있나요? 이러한 능력은 아주 중요합니다. 라크로스, 축구, 미식축구, 농구, 테니스 등 많은 스포츠에서요.

　축구 경기장을 살펴봅시다. 위 그림에서 두 사람이 움직이는 경로를 보세요. 한 선수가 1번에서 6번으로 움직입니다. 또 다른 선수도 자신만의 경로로 1번에서 6번으로 이동합니다. 두 선수 모두 앞으로, 뒤로, 옆으로, 대각선으로 움직인다는 사실을 알아챘나요? 각자 전속력에 가깝게 달리면서 자연스럽게 이어 간 움직임입니다. 선수라면 이렇게 움직이는 건 물론이고, 경기장을 가로질러 공을 몰고 가거나 상대편 공을 막기 위해서 멈추

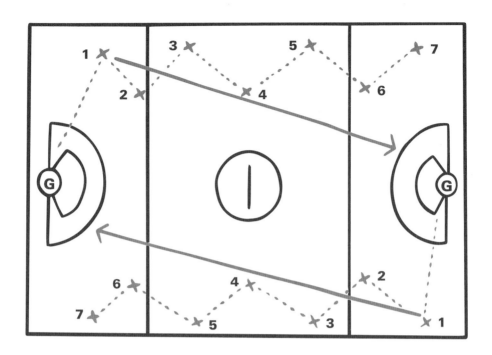

고, 돌고, 피하고, 차기도 해야 합니다.

프로 축구 경기에서 선수들은 하프 타임에 겨우 15분 쉬고, 45분씩 두 번의 경기를 치릅니다. 90분 동안 전속력으로 달리면서 때에 따라 멈춰요. 득점을 내기 위해 계획적으로 움직여야 하는 거죠. 휴! 벌써 피곤한가요?

이렇게 재빠른 경기 방식은 다른 스포츠에서도 흔히 찾아볼 수 있습니다. 위 그림에 여자 라크로스 경기 대형이 나와 있어요. 양편에 선수 7명 그리고 양 끝에 골키퍼가 2명 있습니다. 뛰면서 서로에게 패스하기 위한 훈련 대형이에요. 양 끝에 있는 선수가 골키퍼에게 공을 보냅니다. 헷갈릴 것 같죠? 하지만 경로를 잘 지킨다면, 선수들은 한 몸처럼 움직이며 경기 장을 가로질러 공을 주고받다가 골을 넣을 수 있어요!

패스를 연습하기 위해 라크로스 스틱을 사용해 보세요. 라크로스 스틱이 없다면 달걀 하나와 숟가락만 있어도 충분해요. 달걀을 숟가락 위에 올리고, 팔을 쭉 뻗어 숟가락을 들고 있는 거예요. 그리고  공터를 뛰어다녀 보세요. 휙 피했다가 이리저리 뛰다가 갑자기 멈춰도 보는 거죠. 달걀이 숟가락 위에 그대로 있나요? 잘했어요! 라크로스에 소질이 있네요. 달걀이 철퍼덕 깨졌다고 해서 실망하지 마세요. 다시 하면 되죠. 그물이 달린 자그마한 라크로스 스틱에 공을 넣고 균형을 잡으며 이런저런 움직임을 소화하려면 연습이 많이 필요하답니다. 짧게 전력 질주하기, 작은 허들 뛰어넘기, 지그재그 모양으로 움직이기, 무릎을 높이 들며 뛰기 같은 연습을 해도 좋아요. 이런 운동들로 다리 근육을 키우면 민첩성을 기르는 데 도움이 돼요.

행동을 이끄는 뇌 과학

몸을 만들기 위해 운동하는 건 아주 중요합니다. 경쟁할 때 되도록 최고의 신체를 갖추고 싶을 테니까요. 이때 운동은 역기를 들고, 전력 질주하고, 높이 뛰는 연습을 한다는 뜻이겠죠. 하지만 우리의 뇌도 운동이 필요합니다. 뭐라고요? 뇌도 맵시를 갖춰야 한다는 건가요? 맞아요! 우리가 어떻게 '생각'하느냐는 결과에 아주 큰 영향을 미칩니다. 팀으로 경기를 하나요? 그러면 다른 사람과 어떻게 협동해야 할지 고민해야 합니다. 개인 경기인가요? 그러면 마주하는 모든 문제 상황을 스스로 해결해야 합니다. 스포츠에서 정신은 몸만큼이나 중요합니다.

"연습하면 완벽해진다"라는 말을 들어 본 적 있나요? 연습한다고 꼭 완벽해진다는 보장은 없지만, 더 잘하게 될 수는 있습니다. 정말이에요. 그렇지 않다면 그 많은 운동선수가 매일 시간을 들여 연습할 리가 없죠. 오랫동안 같은 체력 훈련을 끝없이 반복하면서요. 육상 선수라면 달리기를 하겠죠. 수영 선수라면 수영을 할 거고요. 축구, 럭비, 미식축구, 라크로스, 필드하키 선수라면 몇 시간씩 뛰고, 던지고, 잡고, 차고, 공을 넣을 테고요. 이런 훈련을 하는 동안 몸뿐만 아니라 뇌도 일하고 있다는 사실을 알고 있나요?

우리의 뇌는 꽤 멋진 기관이랍니다. 모든 신체 시스템을 관장하면서 우리가 계속 숨을 쉬게 해주거든요. 뇌는 정보를 처리하는 곳이기도 합니다. 그래서 스포츠에서 뇌가 어떻게 쓰이는지 아는 건 정말 중요해요.

'전두엽'은 가장 큰 사고를 담당하는 곳입니다. 계획하고, 조직하고, 추론하고, 환경에 맞추어 행동의 변화를 이끌어 내는 곳이죠. '공을 팀원에게 패스해야 할까? 아니면 내가 골을 넣어야 할까?' 전두엽은 이러한 결정을 내리는 부위입니다. 움직임을 관장하기도 합니다. '저 공을 잡기 위해서는 얼마나 높이 뛰어야 할까?' 이러한 결정도 전두엽에서 내려요.

'두정엽'은 미각, 촉각, 후각과 같은 감각을 느끼는 데 도움을 주는 부위입니다. 모양, 크기, 거리와 같은 공간적 관계를 가늠하기도 해요. 공이 얼마나 멀리 있는지, 다른 선수와 내가 얼마나 떨어져 있는지를 파악해야 하

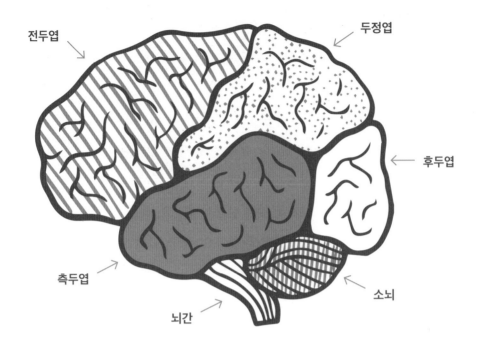

전두엽

두정엽

후두엽

측두엽

뇌간

소뇌

는 스포츠에서 아주 중요한 곳입니다.

'측두엽'은 소리를 다루는 부위입니다. 나를 북돋워 주는 코치의 목소리와 경기 중단을 알리는 호루라기 소리를 구별하죠. 그리고 기억을 저장해요. 내가 한 연습, 내가 뛴 경기는 전부 여기에 보관됩니다.

'후두엽'은 눈으로 보는 모든 것을 처리합니다. 그리고 '소뇌'는 균형과 소근육의 움직임을 통제합니다. 얼마나 잘 걷는지는 소뇌에 달려 있죠. 우리가 넘어지지 않게 도와주거든요. 누가 와서 부딪치면 얘기가 달라지겠지만요(후두엽이 그런 일이 있기 전에 경고하길 바라야죠).

이제 뇌를 부위별로 살펴봤으니 스포츠에서 뇌가 어떻게 활용되는지 알아봅시다.

집중력으로 승부하라!

팀으로 경기하든 혼자 경기하든 지금 하는 일에 집중하는 건 중요합니다. 하지만 팀 경기와 개인 경기에서 필요한 집중력은 서로 달라요. 먼저 개인 경기부터 살펴봅시다. 개인 경기를 치를 때는 어때야 할까요?

수영, 골프, 달리기와 같은 스포츠는 혼자 경쟁합니다. 상대 선수와 맞서 싸우는 건 자기 자신뿐이죠. 내가 뒤처졌을 때 나를 자극하거나 북돋워 줄 사람은 아무도 없습니다. 전부 혼자 해야 해요. 그래서 어떤 사람은 신날 수도 있지만, 어떤 사람은 무서울 수도 있어요. 혼자 싸운다는 건 지금에 온전히 집중해야 한다는 의미이기도 하죠. 그런데 뇌가 최악의 적이 될 때도 있습니다. 나에 대한 의심으로 결코 이길 수 없을 거란 생각이 들기도 하거든요. 운동선수들은 그런 생각을 다룰 줄 알아야 합니다.

집중력이란?

'집중력'은 특정한 하나에 온전히 주의를 쏟는 능력입니다. 뭔가를 뚫어지도록 쳐다보는 능력일 수도 있고, 무슨 일이 일어나든 꼼짝 않는 능력일 수도 있죠. 집중할 때는 시야나 주변의 소리가 흐려집니다.

예를 하나 들어 보죠. 골프 선수가 공을 쳐서 홀에 넣을 준비를 하고 있다고 상상해 봅시다. 풀밭이 울퉁불퉁한지 평탄한지 가늠하고 있을 거예요. 골프채를 올바른 위치로 조정합니다. 공을 치기 위한 정확한 위치를 잡고 있어요. 이때 선수는 주변에서 자신을 보고 있는 수백 명의 관중을 잊어야 합니다. 공을 정확히 홀 안에 넣는 상상을 할 수도 있죠. 마침내 골프채를 휘둘렀습니다. 부디 홀 안에 들어가길 바랄 뿐입니다.

텔레비전 속의 프로 골프 선수들은 아주 여유로워 보입니다. 관중 앞에서 공을 치는 게 별일 아닌 것처럼 행동하죠. 사방에 방해 요소가 넘치는데도요. 돌아다니는 사람들, 앉아서 이야기하는 사람들, 심지어 훈수를 두는 사람도 있어요. 골프 선수들은 이런 소음을 무시하고 자신의 움직임에만 집중해 최고의 경기를 펼치는 훈련을 합니다.

당연히 골프는 집중력이 필요한 스포츠 가운데 하나일 뿐입니다. 이 외에도 테니스, 수영, 볼링 등 많은 스포츠가 있습니다. 테니스 선수는 발바닥 앞쪽에 무게를 실은 채로 코트 건너편을 가만히 응시합니다. 공이 네트 너머로 날아올 때 쳐야 하니까요. 왼쪽과 오른쪽 중 어느 쪽으로 몸을 날릴까요? 앞으로 달려갈까요? 아니면 뒤로? 공을 빠르게 치기 위해서는 어디로 갈지 판단할 수 있어야 합니다. 상대 선수가 뒤꿈치로 무게를 보내며 몸을 기댄다면 공은 빠르게 날아올 거예요. 몸을 오른편으로 기울이며 팔을 휘두른다면 공은 왼쪽으로 세게 날아오겠죠.

테니스 선수들은 공이 어디로 날아올지 전두엽에서 예상할 수 있도록 집중력 훈련을 합니다. 그 말은 관중이나 테니스 코트 주변의 소음을 전부 무시할 수 있어야 한다는 뜻이에요. 경기장 밖을 신경 쓰는 건 최고의 경기를 펼치는 데 방해만 될 뿐입니다.

운동선수들은 어떻게 높은 집중력을 유지할까요? 분명 주변의 광경이나 소리를 지우는 훈련을 할 겁니다. 이런 집중력을 지니려면 아주 오랫동안 훈련해야 합니다. 측두엽에 기억이 저장된다는 사실을 기억하고 있나요? 계속해서 훈련하면 기억은 점점 강력해집니다. 우리 뇌가 경기에 이기려면 어떻게 해야 하는지 나중에는 생각하지도 않고 몸을 움직일 수 있

궁금증 해결! 집중력 훈련하기

조용한 방을 찾아 들어갑니다. 이때 휴대폰처럼 음악을 들을 수 있는 기계를 가지고 들어가야 해요. 방 안에 서서 눈을 감습니다. 조용한 곳에서 스포츠 동작들을 되새겨 보세요. 수영 선수라면 피부에 닿는 찬물의 촉감을 상상합니다. 물살을 뒤로 밀면서 몸을 앞쪽으로 내보내려면 어떻게 해야 하는지 떠올리는 거죠. 완주할 때까지 머릿속으로 계속 상상합니다. 이 훈련을 '이미지 트레이닝'이라고 불러요. 집중력을 기르는 데 아주 효과적인 방법입니다.

이번에는 음악을 아주 시끄럽게 틀어야 해요. 정말 좋아해서 가사까지 읊을 수 있는 노래면 좋아요. 이미지 트레이닝을 해봅시다. 수영을 하는 느낌으로 쉽게 빠져들 수 있나요? 아니면 노래로 주의가 쏠리나요? 머릿속으로 노래를 따라 부르기 시작했다면, 잠시 멈추세요. 그리고 크게 심호흡하세요. 마음을 가다듬고 다시 시도해봅시다. 노래가 배경 음악처럼 희미해지고, 수영장에서 수영하는 내 모습이 보일 때까지 이 과정을 반복합니다. 당연히 꼭 수영으로 해야 하는 건 아닙니다. 어떠한 스포츠든 괜찮습니다. 이 훈련을 계속하다 보면, 집중력을 흩뜨리는 주변 광경이나 소리를 무시하는 데 도움이 될 거예요.

죠. 말이 그렇다는 거예요! 뇌는 항상 생각을 하니까요. 우리 몸은 같은 동작을 반복하는 데 매우 익숙해집니다. 근육을 어떻게 움직여야 하는지 뇌에서 굳이 명령할 필요가 없어지죠. 자연스럽게 동작이 나오는 거예요.

운동선수들은 왜 매일 4시간에서 6시간을 연습하는 데 투자할까요? 경기에 필요한 동작을 반복해서 기억하기 위해서예요. 연습하는 이유가 바로 여기에 있습니다. 생각할 필요도 없이 몸이 움직이도록 훈련하는 거죠.

집중하는 법

여러분이 즐기는 스포츠가 있나요? 거기에 얼마나 집중하나요? 만약 경기 도중에 집중력을 잃으면 어떤 일이 벌어질까요? 몇 시간 동안 같은 동작을 반복하거나 경기장을 쉬지 않고 뛰다 보면 집중력이 떨어지기 마련입니다. 만약 다른 생각이 든다면 주의를 다른 데로 돌려야 합니다. 몸이 거의 기계처럼 움직이기 때문에 다른 생각이 드는 거예요. 미식축구에서는 경기 흐름을 놓치면 태클이 들어올 수도 있어요! 아래 방법을 참고해보세요. 집중력을 유지하는 데 도움이 될 거예요.

- 경기를 할 때는 그 순간에 충실하세요. 당장 눈앞의 경기만 생각하라는 뜻이에요. 습관처럼 하던 일에 집중해도 좋고요. 앞서 생각하지 마세요. 그러면 다 망치고 말 거예요.

- 일어나지도 않은 일을 상상하거나 경기 이외의 것들이 자꾸 머릿속을 어지럽히면 생각을 멈추세요. 그리고 정신을 가다듬으면서 지금 내가 뭘 하고 있는지 다시 떠올려 보세요.

- 긴장이 되면 크게 심호흡하세요. 잠깐 멈춰서 심호흡하는 것만으로 진정될 때가 있답니다. 집중력을 되찾는 데 도움이 되기도 해요.

- 생각을 행동에 옮기기 전에 그 행동을 취하는 자신을 상상해 보세요. 측두엽의 기억을 활용하는 거예요. 그 행동을 해봤을 테니까요. 골프공을 치거나, 수영을 하거나, 네트 너머로 테니스공을 보내는 건 수천 번도 더 했을 거예요. 눈을 감고, 그 행동을 잘 해내는 자신의 모습을 그려 보세요. 집중해서 성공적인 경기를 이끄는 데 도움이 될 겁니다.

팀플레이와 집중력

팀으로 경기할 때도 집중력이 필요하지만, 이때 필요한 건 조금 다릅니다. 팀플레이를 하려면 경기에 참여하는 팀원을 모두 파악하고 있어야 하거든요. 경기에서 자신의 포지션을 아는 게 중요하죠. 정해진 구역에서만 경기를 뛰어야 하나요? 상대편의 득점 시도를 막거나 특정한 각도에서 공을 차서 넣는 역할일 수도 있겠네요. 대개 포지션이 주어지면 경기해야 하는 위치가 정해집니다. 골대를 향해 경기장을 가로질러 전진하는 '공격'을 맡거나, 상대편이 공을 몰고 와서 득점하지 못하게 막는 '수비'를 맡게 됩니다. 아래 그림을 보며 축구 경기의 포지션을 살펴봅시다.

임무를 달성하는 게 항상 수월하지만은 않죠. 그렇기 때문에 팀원들과

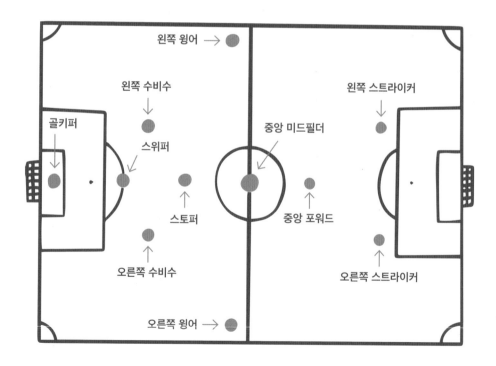

함께하는 게 중요합니다. 경기장에서 자신과 팀원들의 위치를 파악하고, 상대편 선수들의 위치도 알아야 해요. 한 번에 소화하기는 벅찰 거예요. 그래서 집중력이 필요합니다. 내가 지금 하고 있는 일에 온전히 집중하면, 다른 선수는 물론이고 공을 놓치지 않고 쫓을 수 있습니다. 항상 팀원들이 어디서 뛰고 있고 어디로 움직일지를 생각해야 합니다. 여기에 능숙해지면 팀원들이 움직일 곳으로 예상되는 쪽에 공을 미리 차서 패스할 수 있습니다.

좋은 팀플레이는 자신이 공을 갖고 있을 때와 팀원에게 패스할 때를 구분하는 것입니다. 예를 들어 볼게요. 경기장 중앙에서 축구공을 갖고 있는 상황이라고 생각해 봅시다. 공을 차서 넣고 싶지만, 상대편 선수 하나가 골대로 가지 못하게 막고 있습니다. 공을 다른 팀원에게 패스해야 해요. 고개를 들어 주위를 둘러보는데, 갑자기 팀원이 눈에 들어옵니다. 자기 위치를 잘 지키고 있네요. 공을 팀원에게 보내고 그 팀원이 슛을 날릴 수 있도록 곧바로 상대편 선수들을 막으며 따라붙습니다. 골인! 이때 여러분은 어디에 집중했을까요?

1. 내 발에 있던 공
2. 팀원 찾기
3. 팀원이 받을 만한 위치로 공 차기

반대로 다른 생각에 빠졌다고 가정해 봅시다. 저녁 메뉴를 고민하고 있다면 경기에 집중할 수 없을 거예요. 상대편 수비수가 공을 빼앗아 득점을 낼지도 모르죠. 그때 팀원이 필요한 위치에 있을 거라고 확신할 수 있을까요? 연습하면 됩니다. 실제 경기에서 선수마다 본인이 있어야 할 위치를 알도록 코치는 선수들을 끊임없이 훈련합니다.

팀원들과 함께 훈련해 온 덕분에 실제 경기에서도 필요한 순간에 팀원이 그곳에 있으리라는 사실을 알 수 있습니다. 팀원이 그 자리에 있을 거라 믿고, 정말로 팀원이 그 자리에 있는 거죠. 그야말로 환상의 팀플레이예요!

경기 중에 어떻게 계속 집중력을 유지할 수 있냐고요? 당연히 연습이죠! 연습은 집중력을 높여 줍니다. 최고의 팀은 매일 무수한 훈련을 소화합니다. 덕분에 경기에서 호흡을 맞추는 것이 마치 걷는 일처럼 쉬워지죠. 공을 차도 될지 고민할 필요조차 없습니다. 공을 찰 때 그쪽에 팀원이 있을 테니까요. 하지만 경기가 계속되는 동안 집중력을 잃어서는 안 됩니다. 팀원들과 연습한 대로 나도 내 자리를 지켜야 하거든요!

다음에 경기를 할 때나 훈련을 할 때 지금까지 배운 정보를 한번 활용해 보세요. 분명 도움이 될 겁니다. 처음에는 잘 안 되는 게 당연하니 너무 걱정하지 말고요. 꾸준히 하는 게 가장 중요합니다. 그냥 연습하세요(이미 대답은 알고 있었죠? 언제나 연습이 답이에요!).

소뇌의 균형 감각

균형 감각은 소뇌에서 조절합니다. 소뇌가 어디에 있는지 궁금한가요? 손을 머리뼈 맨 아래에 가져다 대세요. 머리 양 끝에 튀어나온 부분이 느껴지나요? 바로 소뇌의 일부입니다. 소뇌가 균형을 유지하기 위해서는 두

곳의 도움이 필요합니다. 바로 눈과 귀죠.

균형 감각을 시험해 보고 싶나요? 눈을 감으세요. 그리고 한 발로 서서 열까지 셉니다. 쉬운가요? 아니면 앞뒤로 휘청거렸나요? 바위처럼 흔들리지 않고 버텼나요? 이런 방법으로 우리의 균형 감각이 어떤지 파악할 수 있습니다. 다른 방법으로 균형 감각을 시험해 볼 수도 있어요. 밖으로 나가서 분필 하나를 집어 들고 바닥에 선을 그어 봅시다. 어깨에서 양팔을 쭉 뻗으세요. 그러고 나서 그 선을 따라 걷습니다. 한 발을 다른 발 바로 앞으로 가져가 선을 밟으며 걷는 거예요. 선에서 벗어나지 않고 끝까지 걸었나요? 잘했어요. 균형 감각이 좋네요.

스포츠에서 균형 감각은 왜 중요할까요? 넘어지지 않게 해주기 때문입니다. 꼭 필요한 능력이죠. 그중에서도 체조 선수들에게 중요합니다. 평형대에 오를 때는 더 중요해지고요(기구 이름마저 '평형대'라면 균형 감각이 얼마나 중요할지 뻔하죠?).

올림픽 경기에 쓰는 평형대는 길이 5미터, 폭 10센티미터, 높이 1.25미터입니다. 평형대는 아주 좁아서 다루기도 쉽지 않고, 오로지 선수의 균형 감각에 의존하는 기구입니다. 좁디좁은 평형대 위를 건너가는 것도 모자라 그 위에서 뛰고, 도약하고, 앞뒤로 재주넘기까지 해야 합니다. 체조 선수들의 소뇌는 균형 감각이 정말 좋아야 할 거예요!

서핑 좋아하나요? 서핑을 할 때도 균형 감각이 필요합니다. 한 발을 살짝 떨어트려서 다른 발 앞에 두고, 보드 위에서 계속 낮은 자세를 유지해야 하거든요. 균형을 잡으면 일어서서 파도를 타는 겁니다. 더 높이요!

균형 감각은 거의 모든 스포츠에 활용되는 특성입니다. 야구, 펜싱, 골프, 복싱, 탁구에서도 필요하죠.

균형 감각이 좋아지는 방법이 있을까요? 그럼요. 집에서 연습해볼 수 있는 간단한 방법을 소개할게요. 바로 '제자리 서기'입니다. 먼저 수변에 의자나 탁자처럼 잡고 설 수 있는 물건이 있는 빈 공간을 찾으세요. 몸을 받쳐줄 수 있도록 물건이 내 왼쪽이나 오른쪽에 오게 옆으로 섭니다. 물건 위에 손 하나를 올리세요. 그리고 벽에서 뚫어지게 쳐다볼 지점 하나를 정하세요. 얼룩이나 그림, 조명 어떤 것이든 상관없습니다. 시선을 고정할 수만 있으면 됩니다. 이제 오른쪽 다리를 들어 허벅지가 지면과 수평이 되도록 합니다. 물건에서 손을 뗍니다. 천천히 열까지 세는 동안 다리는 계속 들고 있으세요. 다리를 바꿔서 똑같이 반복합니다. 한 다리를 20초 이상 버틸 수 있을 때까지 계속합니다.

즐거운 몸 만들기

지금까지 훈련으로 유연성과 민첩성, 집중력, 균형 감각을 기를 수 있다는 걸 배웠습니다. 하지만 훈련의 가장 중요한 목표는 건강한 몸을 유지하는 거예요.

체력을 기르는 건 운동선수들이 몇 시간, 며칠, 몇 달, 심지어 몇 년을 들여서라도 추구해야 하는 것입니다. 스포츠에 맞는 몸을 갖추는 일은 우승뿐만 아니라 선수의 안전을 위해서도 필요하죠. 평소 몸을 잘 관리한 운동선수는 부상의 위험이 적습니다(그래야 해요!).

아이작 뉴턴의 제3법칙(작용·반작용의 법칙)은 아래와 같습니다.

모든 작용에는 반대 방향으로
같은 크기의 반작용이 발생한다.

궁금증 해결! 스포츠마다 필요한 체력은?

어떤 스포츠를 하든 체력은 중요합니다. 예를 들어 건강한 심혈관계가 필요하다고 생각해 보세요. 이 말은 건강한 심장과 폐를 지녀서 우리가 뛰고, 수영하고, 점프하고, 다이빙할 수 있어야 한다는 뜻이겠죠. 역도, 멀리뛰기, 높이뛰기, 스피드 스케이팅, 사이클링 그리고 하키 같은 스포츠에서는 아주 튼튼한 다리 근육도 필요합니다. 농구, 배구, 테니스, 골프, 미식축구, 럭비 같은 스포츠에서는 단단한 팔 근육이 비슷하게 중요하고요.

하지만 뛰어난 운동선수가 되기 위해서는 몸 전체가 고루 발달해야 합니다. 코치나 트레이너에게 부탁해 약한 부위를 보강하는 훈련을 해보세요. 몸을 관리하는 건 운동 실력을 길러 주는 좋은 방법이지만, 부상을 막아 주기도 합니다. '윈윈(win-win)'인 셈이죠(스포츠에선 승리가 중요하잖아요?).

이렇게 생각해 보세요. 어떤 물체를 밀 때마다 그 물체가 나를 똑같이 미는 겁니다. 이 법칙은 스포츠에서 아주 중요해요. 레슬링 같은 접촉 스포츠는 사람들이 서로 부딪치고, 태클을 걸고, 밀치는 운동이기 때문에 미는 힘이 작용할 때가 아주 많거든요.

고무 원판인 퍽을 놓고 다투는 아이스하키 선수 2명을 상상해 봅시다. 서로 팔꿈치로 밀고, 엉덩이로 버티며 퍽을 가져가려고 하는 모습을요. 두 사람이 얼음판 위에 가만히 있을까요? 아니요. 움직이고 있을 거예요. 서로를 거칠게 미는 힘 때문이죠. 한 선수가 다른 선수보다 힘이 세다면, 상대를 쉽게 밀칠 수 있을 겁니다.

몸을 단련하면 힘이 더 강해집니다. 그래서 운동선수들은 근력 운동을 해서 근육을 키워요. 상대를 밀어내거나 상대가 자신을 밀쳤을 때 밀리지 않기 위해서요. 근육이 튼튼하면 몸에 가해지는 압력도 더 잘 견딜 수 있습니다. 많이 뛸수록 몸에 압력이 더 많이 전해지죠. 발로 땅을 구르면 발에서 다리, 무릎, 골반, 몸통을 거쳐 어깨까지 압력이 전해집니다. 다시 작용·반작용의 법칙이에요. 뛸 때처럼 땅에 힘을 가하면, 그 힘은 언제나 거꾸로 나에게 되돌아옵니다.

이런 유형의 압력은 몸이 제대로 갖춰지지 않았을 땐 부상으로 이어지기 쉽습니다. 그래서 연습이 필요한 거예요. 오랜 시간 지치지 않으려면 신체 능력을 키워야 합니다. 그리고 운동선수들은 훈련할 때 처음부터 전력을 다하지 않습니다. 스트레칭이나 열을 내는 준비 운동을 하면서 천천히 시작하죠. 전력투구에 준비된 신체 상태를 만들기 위해서입니다. 훈련이나 경기 중에 조급하게 몸을 움직였다가 부상을 입으면 어떨까요? 고통스러울 거예요. 고통은 운동선수뿐 아니라 모든 사람이 겪을 수 있는 문제입니다. 명심하세요!

올바르게 먹고 마시기

마지막으로 중요한 요소는 영양분 섭취입니다. 영양분 섭취란 신체에 연료를 공급하기 위해 음식물을 먹는 과정이에요. 올바르게 먹고 마시는 건 모두에게 중요합니다. 운동선수가 아니어도요. 우리 몸은 살아남기 위해 먹고 마실 것(특히 물)이 필요합니다.

고통, 무조건 참아야 할까?

고통이란 운동선수에게 피할 수 없는 숙명입니다. 운동선수한테는 언제든 고통이 닥칠 수 있어요. 뛰다가 발을 헛디디거나 갑자기 근육이 결리거나 다른 선수와 부딪치거나 공에 맞을 수 있거든요. 전부 아프겠죠?

고통이 느껴지면 우리는 어떻게 반응할까요? 먼저 고통을 가늠합니다. 고통이 심한가요? 만약 그렇다면 경기를 멈춰야 해요. 부상을 입었을 때는 코치에게 알려 되도록 빨리 필요한 조치를 받아야 합니다.

고통은 부상이 발생한 곳에서 느껴지지만, 그 신호는 신경계를 타고 뇌까지 올라갑니다. 시상하부는 뇌에서 이런 신호를 처리하고 그 신호를 전두엽으로 보내는 역할을 합니다. 바로 고통을 느낄 때 말이에요, 아야!

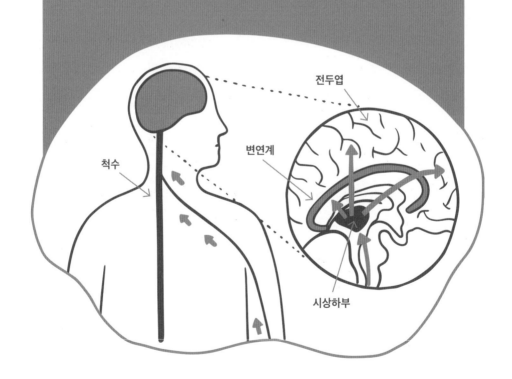

"고통 없이는 아무것도 얻을 수 없다"라는 말을 들어 봤을 거예요. 사람들이 자주 쓰는 말이지만, 운동선수에게 좋은 좌우명은 아니죠. 고통에는 다양한 종류가 있습니다. 고통이 찌르듯이 강렬하다면, 지금 하는 운동을 당장 멈춰야 한다는 뜻이에요. 고통이 둔하게 느껴진다면, 운동을 계속하되 조금 더 주의를 기울여야 합니다. 만약 근육통에 가깝다면, 그건 전날에 운동을 너무 많이 했다는 뜻이에요.

어떤 경우라도 자신의 고통을 인정하고, 주변에 상태를 알리는 게 가장 중요합니다. 고통을 무시하는 건 절대 좋은 생각이 아니에요. 고통은 뭔가 잘못되고 있다는 걸 알리려는 몸의 신호입니다. 참을 만한 통증이어도 주의를 기울이세요. 운동의 난이도를 조절하거나 하루 정도 회복 기간을 갖는 게 필요할 수도 있거든요.

몸을 관리하면 지구력에도 도움이 됩니다. 마라톤 선수들은 42.195킬로미터를 달리기 위해 몸을 유지합니다. 쉬지 않고 2~3시간을 달리는 것은 물론이고, 되도록 빨라야 하죠. 그 정도로 체력을 유지하기 위해서는 심혈관계와 호흡계가 건강해야 합니다. 쉬운 말로 심장, 혈관, 폐가 건강해야 해요.

심혈관계는 심장과 몸에 있는 모든 혈관을 포함합니다. 심장은 혈관을 통해 온몸에 피를 공급하는 기관입니다. 혈관은 혈액과 산소를 근육, 뼈, 폐 그리고 피부 조직에 순환시킵니다. 근육과 뼈 그리고 피부가 유지되려면 산소가 필요하거든요.

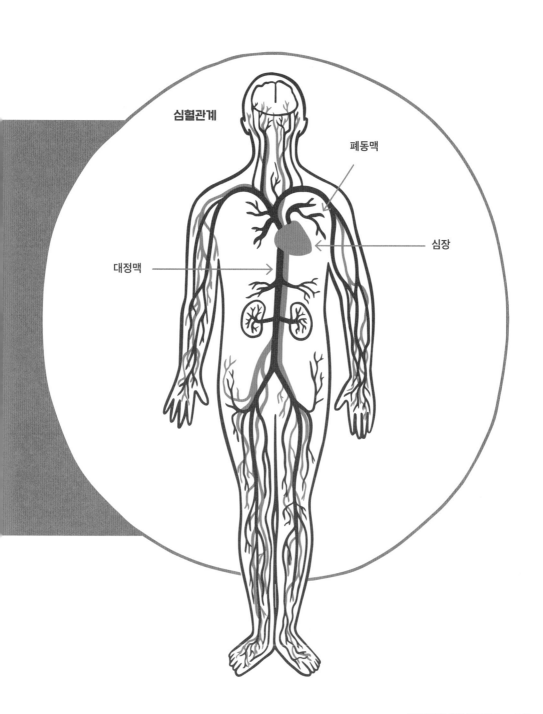

심혈관계

폐동맥

심장

대정맥

자기 맥박을 느껴 본 적 있나요? 맥박은 심장 박동과 관련 있어요. 혈액이 혈관을 통과할 때 느껴지는 맥박의 횟수를 세면 심장 박동 수를 계산할 수 있습니다. 줄여서 심박수라고도 하죠. 이렇게 해보세요. 손가락(엄지는 빼고요)을 손목 안쪽의 혈관에 가져다 댑니다. 그리고 살짝 누르세요. 펄떡이는 게 느껴지나요? 그게 바로 온몸으로 피를 밀어내며 뛰고 있는 심장 박동입니다. 앉아 있을 때처럼 안정된 상태에서 5~12세의 평균적인 심박수는 1분간 70~120회예요.

심박수를 왜 신경 써야 할까요? 심박수는 운동할 때 높아집니다. 뛰거나 점프하거나 수영할 때는 팔과 다리를 움직이잖아요. 이때 몸은 더 많은 혈액과 산소가 필요하고, 심장은 혈액과 산소를 공급하기 위해 더 빠르게 뜁니다. 당연히 심박수도 높아지겠죠. 아주 자연스러운 현상입니다. 중요한 건 심박수가 너무 높아지면 안 된다는 거예요. 어지러움을 느끼거나 심하면 의식을 잃을 수도 있거든요.

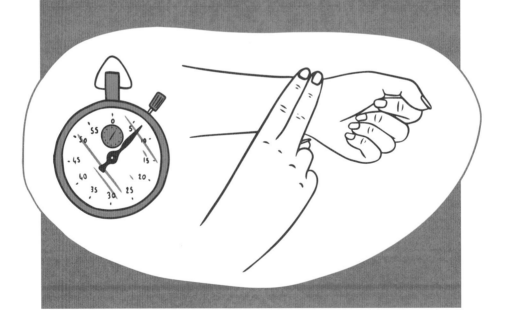

재밌는 사실은 운동을 하면 평상시에는 심박수가 더 낮아진다는 점입니다. 정말이에요. 운동을 많이 하면 심장이 빠르게 뛰는 데 익숙해지고, 더 효율적으로 변합니다. 우리가 운동할 때 심장이 산소를 어떻게 많이 전달할 수 있을지 알게 되거든요. 호흡계도 좋아집니다. 호흡계는 폐, 기도 그리고 필요한 산소를 폐까지 공급해 주는 혈관으로 이루어져 있습니다. 기도에는 코, 입, 기관이 모여 있어요. 숨을 들이쉬면 공기가 기도로 들어와 기관을 타고 폐까지 내려갑니다. 기관이 좌우로 갈라진 기관지는 공기를 폐 안으로 흘려보내는데, 이때 공기에서 산소만 분리됩니다. 폐에 들어온 산소는 혈액에 흡수되고 심장으로 흘러가 근육까지 운반됩니다.

우리가 운동할 때 심장, 폐, 근육도 운동합니다. 이 기관들이 함께 움직여 피가 더 빨리 돌고, 우리가 더 빠르게 움직일 수 있도록 산소를 공급하죠. 운동을 꾸준히 하지 않으면 매일 장거리를 달린 사람보다 마라톤 완주를 훨씬 더 어렵게 느낄 거예요. 늘 훈련하는 사람은 더 효율적인 심혈관계와 호흡계를 갖고 있을 테니까요.

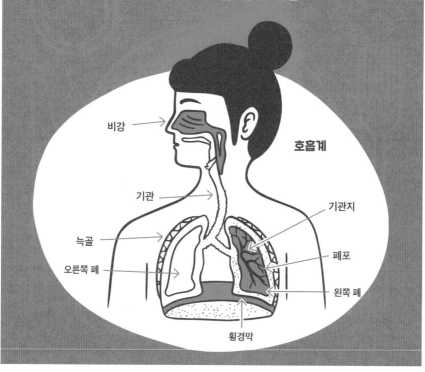

호흡계

비강

기관

늑골

오른쪽 폐

기관지

폐포

왼쪽 폐

횡경막

각기 다른 유형의 음식은 저마다 다르게 처리되어 우리에게 에너지를 공급합니다. 어떤 음식은 다른 것보다 더 많은 에너지를 주기도 해요. 어떻게 식단의 균형을 맞출 수 있을까요? 아래 그림을 보세요. 미국 농무부에서 제공한 음식 접시입니다.

접시에는 구역마다 다른 유형의 음식이 놓여 있습니다. 접시의 절반은 과일과 채소가 차지해요. 4분의 1은 통곡물이어야 하고, 건강한 지방과 기름이 필요합니다. 나머지 4분의 1은 견과류, 씨앗, 콩, 생선, 닭, 달걀 같은

단백질이 차지합니다. 단백질은 근육, 뼈, 피부, 머리카락을 구성하는 중요한 요소예요.

유제품이 담긴 그릇도 보이네요. 유제품은 우유, 치즈, 요구르트 같은 음식이에요. 접시에 케이크나 쿠키처럼 정제 설탕이 들어간 음식은 보이지 않습니다. 먹어도 괜찮지만 제한이 필요한 음식이죠. 과일이나 채소 대신 쿠키를 왕창 먹다가 접시가 넘치면 안 되겠죠?

수분 공급도 잊지 마세요! 물이나 다른 음료를 챙겨 마시란 뜻이에요. 수분 공급은 건강 유지에 굉장히 중요합니다. 우리 몸에 있는 장기들이 제대로 움직이려면 물이 꼭 필요하거든요. 수분이 충분히 공급되지 않으면 신체는 스트레스를 받기 시작합니다. 혈액이 순환하기 위해 장기가 더

궁금증 해결! 나의 음식 접시는?

음식 일기를 기록해 보세요. 수첩에 1~2주 동안 자기가 먹은 음식을 전부 적습니다. 그리고 일기를 거슬러 올라가면서 우리가 살펴본 접시와 비교해 보는 거예요. 어떤가요? 어떤 종류의 음식을 다른 것보다 많이 또는 적게 먹지 않았나요? 책 속 음식 접시에 가까워지도록 식단을 조절해 보세요.

건강에 좋은 음식을 많이 먹는 건 괜찮아요. 쿠키를 몇 개 먹는 건 맛도 좋고 에너지를 한 번에 치솟게 합니다. 하지만 에너지가 치솟고 나면 금세 더 피곤해집니다. 달콤한 음식에서 얻은 에너지는 오래가지 못하거든요. 통곡물빵에 닭고기나 햄 같은 단백질이 들어간 샌드위치를 먹는 것이 열량을 채우는 데 더 좋습니다. 그러면 에너지가 더 오래, 높은 수준으로 유지될 거예요.

열심히 일해야 해요. 수분이 모자라 탈수 상태가 되면 어지럽거나 메스꺼움을 느끼고 쓰러질 수도 있어요. 겪고 싶지 않은 일이죠.

의사들은 하루에 물 8잔을 마시라고 권장합니다. 키가 작다면 더 적게 마셔도 돼요. 하지만 더운 날 바깥에서 운동을 한다면 8잔은 마셔야 합니다. 땀을 흘려서 수분이 부족할 테니까요. 당연히 8잔을 한꺼번에 전부 마실 필요는 없습니다. 하루 동안 적절한 간격을 두고 조금씩 천천히 마시면 됩니다.

경기를 위해 몸에 적당한 수분을 유지하고 싶다면 훈련이나 대회가 있기 하루 전에 물 7~8잔을 마시면 됩니다. 경기가 시작하기 2~3시간 전에는 적어도 물 반병(약 470밀리리터)을 마시고요. 경기를 하는 동안 계속 물을 마시고 싶겠지만 20분마다 두세 모금씩만 마셔야 합니다. 물을 너무 많이 마셔서 속이 불편해지고 싶지는 않겠죠?

경기나 운동 중에는 자신의 상태를 항상 살펴야 합니다. 목이 마르다면 하던 걸 멈추고 물을 마셔야 해요. 물 1잔을 전부 마시거나 건강 음료를 마실 필요는 없어요. 몇 모금만 마셔도 충분합니다. 운동을 하는 동안 수분을 유지하면 성과도 좋아질 거예요.

운동선수가 중요한 경기를 앞두고 카보로딩을 한다는 이야기를 들어 봤나요? 카보로딩은 우리말로 '탄수화물 쌓기'라는 뜻입니다. 말 그대로 몸에 탄수화물을 쌓는 거예요. 운동선수가 되려면 생물학, 물리학 그리고 생명 과학까지 다양한 분야의 과학을 이해해야 합니다. 과학과 스포츠를 결합할 수 있다면 더 훌륭한 운동선수가 될 수 있어요. 다음 장에서는 경기의 성과를 높여 주는 기술을 살펴볼게요.

궁금증 해결! 카보로딩을 왜 할까?

탄수화물은 우리 몸의 주요한 에너지원입니다. 우유, 요구르트, 콩, 감자, 단 음식 등에서 얻을 수 있어요. 우리 몸은 이런 음식들을 소화해서 근육에 필요한 에너지로 바꿉니다. 에너지는 당류의 하나인 글루코오스(포도당)가 간이나 근육에 글리코겐의 형태로 저장됩니다.

중요한 건 근육이 저장할 수 있는 글리코겐의 양이 많지 않다는 점입니다. 글리코겐을 다 써버리면 근육이 피로를 느끼기 시작합니다. 고강도 운동을 하면 90분도 안 되어 글리코겐이 바닥납니다. 자전거 타기, 뛰기, 수영 같은 운동을 3~5시간씩 아주 높은 강도로 계속한다면 글리코겐을 더 빠르게 써버리겠죠.

운동선수들은 몸에 글리코겐을 더 많이 저장하기 위해 카보로딩을 합니다. 카보로딩은 어떻게 하는 걸까요? 시합이 있기 사흘 전쯤 탄수화물 섭취량을 늘립니다. 통곡물 파스타를 한껏 먹을 수도 있겠죠. 동시에 훈련을 조금 줄입니다. 그러면 에너지를 훈련 중에 모두 써버리는 걸 방지할 수 있습니다. 시합을 치르기 전까지 몸에 되도록 많은 에너지를 저장해 두는 게 목표입니다.

카보로딩을 시도해 보고 싶다면, 부모님이나 의사에게 먼저 상의해야 해요. 안전이 제일 중요하니까요. 영양 균형을 망치면 안 되잖아요. 건강한 식단 유지는 운동선수든 아니든 누구에게나 필요합니다.

CHAPTER 2 스포츠에도 기술이 필요해

지금까지 연습을 통해 몸을 가꾸는 법을 배웠으니(이제 '연습' 얘기는 더 듣기 싫을 정도죠?), 경기에 도움을 줄 수 있는 다른 요소를 배울 시간이에요. 이제부터 기술을 알아볼 거란 뜻이죠. 과학과 기술은 스포츠 장비를 이야기할 때 특히 중요합니다. 모든 스포츠에는 일정한 종류의 도구가 필요하잖아요. 아래 그림을 보세요. 어때요, 익숙한가요?

스포츠 장비 하면 쉽게 떠오르는 것들을 그림으로 살펴보았습니다. 사실 스포츠 장비의 종류는 훨씬 더 다양합니다. 러닝화는 어떤가요? 평형대나 평행봉은요? 수영복과 스피드 스케이팅 슈트도 있어요. 이런 것들도 전부 스포츠 장비입니다. 운동선수의 실력만큼 중요한 것이 장비의 성능입니다. 이때 기술이 등장합니다. 오늘날 운동선수들이 사용하는 장비는 대부분 기술자나 과학자가 개발한 것을 알고 있나요? 맞아요. 운동선수들은 장비를 이용해 항력을 줄이고, 효율을 높이고, 안전을 지키고자 합니다. 어떻게 이런 조건을 모두 갖추도록 만들 수 있을까요?

쉽지는 않습니다. 하지만 나노 기술을 조금만 알면 도움을 받을 수 있어요. 나노 기술이란 현미경으로 봐야 할 정도로 아주 작은 물질을 다루는 분야입니다. '나노'란 10억분의 1미터를 의미해요(네, 잘못 말한 게 아니라 정말 억 단위가 맞아요!). 이게 얼마나 작은 크기인지 궁금하다면 오른쪽 그림을 보세요.

사람의 머리카락 한 올은 굵기가 8만에서 10만 나노미터 사이입니다. 정말 작죠! 그렇게 작은 걸 왜 신경 써야 하냐고요? 머리카락보다 100배는 더 작은 나노 섬유를 이용하면 아주 튼튼한 물건을 만들 수 있거든요. 세상에서 가장 튼튼한 것 하면 탄소 나노 섬유와 탄소 나노 튜브로 만든 물건을 빼놓을 수 없답니다.

탄소란 무엇일까요? 탄소는 지구에서 쉽게 찾을 수 있는 물질이에요. 아마 이산화탄소(CO_2)는 익숙할 거예요. 우리 대기에 있는 기체 중 하나죠. 식물은 이산화탄소를 흡수하고 인간은 이산화탄소를 배출합니다(이렇게 지구의 이산화탄소가 순환하죠). 탄소는 식물과 동물 그리고 사람에게서도

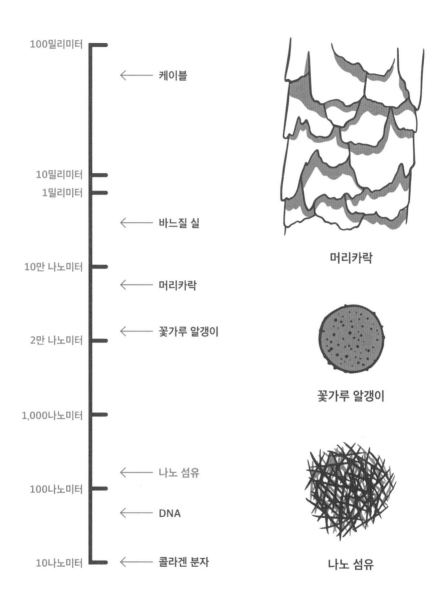

100밀리미터 ←— 케이블

10밀리미터

1밀리미터 ←— 바느질 실

10만 나노미터 ←— 머리카락

←— 꽃가루 알갱이

2만 나노미터

1,000나노미터

←— 나노 섬유

100나노미터 ←— DNA

10나노미터 ←— 콜라겐 분자

머리카락

꽃가루 알갱이

나노 섬유

궁금증 해결! 탄소 나노 튜브란?

납작한 탄소 여러 장을 관(튜브)의 형태로 말아서 만든 물질을 말합니다. 탄소의 각 장은 서로 연결되어 붙어 있습니다. 닭장 울타리에서 볼 수 있는 철조망과 비슷한 구조로 생겼어요. 하지만 절대 엉성하지 않습니다. 탄소 나노 튜브는 강철보다 400배 더 튼튼하거든요. 알다시피 건물이나 다리를 만드는 강철은 아주 무겁고 강합니다. 탄소 나노 튜브는 강철과 비교하면 무게가 6분의 1 수준입니다. 게다가 아주 얇아서 다양한 구조로 주조할 수 있습니다.

어떻게 이런 일이 가능할까요? 바로 여기서 화학이 등장합니다. 탄소 나노 튜브는 합성수지로 만들어집니다. 합성수지는 튼튼하고 끈끈한 물질입니다. 탄소 나노 튜브를 탄소 섬유 사이에 넣으면 모든 걸 끈끈하게 붙잡는 풀처럼 작용합니다. 탄소 섬유와 탄소 나노 튜브를 혼합하면 아주 강력한 재료가 탄생하는 거죠. 실제로 탄소 나노 튜브는 다양한 스포츠 장비를 만드는 데 활용되고 있습니다.

찾아볼 수 있습니다. 그러면 스포츠에서는 탄소가 왜 중요할까요?

탄소는 탄소 원자 하나하나가 모여 기다란 고리를 형성할 수 있습니다. 이 긴 고리는 아주 강력하고 단단한 동시에 가벼워요. 탄소는 강철보다 강하지만 플라스틱보다 가볍습니다. 섬유라고 부르는 이 긴 고리는 서로 얽히고설켜 있어서 스포츠 장비는 물론이고, 다양한 물건들을 만들 수 있어요.

탄소 나노 섬유와 탄소 나노 튜브는 테니스 라켓, 골프채, 골프공, 경주용 자전거, 스키, 하키 스틱, 양궁용 활 그리고 수영복을 만드는 데 쓰입니다. 이 밖에도 많은 스포츠 장비에 선수의 경기 성과를 올리거나 안전을 지킬 수 있는 기술이 들어가 있어요. 어떤 기술이 있는지 자세히 살펴볼까요?

좀 더 빨리! 속도의 과학

여러분도 알다시피 속도는 스포츠의 전부라고 할 만큼 중요합니다. 스포츠에는 대부분 시간제한이 있죠. 더 빨리 달리고, 더 빨리 수영할수록 경기에서 이길 확률이 높아집니다. 사이클링과 스케이팅에서도 마찬가지고요. 이렇게 생각해 봅시다. 속도를 높여 주는 스포츠 장비가 있다면 어떨까요? 당연히 사용해야죠. 스포츠 규정을 위반하지만 않는다면(많은 기술이 그렇듯이요) 모두 그 기회를 잡으려고 할 거예요.

자전거를 만드는 사람들도 그렇게 생각했답니다. 프로 사이클링 선수가 되는 건 만만치 않습니다. 언덕을 오르거나 산을 탈 때도 있고, 가드레일 없이 가파른 곳을 따라 내려가기도 합니다. 옆에 사람들이 빽빽하게 서서 구경하기도 하니 보통 일이 아니죠. 언덕이나 산을 오르는 데 필요한 커다란 장비들도 빼놓을 수 없고요. 휴! 벌써 피곤한가요?

자전거를 아주 튼튼하게 만들면서 무게는 훨씬 가볍게 줄일 방법이 있다면 어떨까요? 당연히 활용해야겠죠. 자전거 회사들은 튼튼하지만 가벼운 자전거를 만들기 위해 수년 동안 나노 기술을 활용해 왔습니다.

실제로 탄소 나노 튜브 덕분에 경주용 자전거 프레임의 무게를 1킬로그램 미만으로 줄였습니다. 사전서 크기에 따라 바퀴를 포함한 전체 무게가 7킬로그램도 채 안 된다는 뜻이죠. 게다가 이전 자전거에 비해 20퍼센트 더 튼튼하기 때문에 잘 마모되지 않습니다. 자전거가 가벼우면 자전거를 움직이는 데 힘이 덜 필요하겠죠. 같은 양의 에너지를 사용해도 더 멀리 그리고 더 빨리 나아갈 수 있습니다. 잘 굴러가냐고요? 이 새로운 기술로 만든 자전거는 세계 최고의 사이클링 대회인 '투르 드 프랑스'에서 사용되고 있습니다.

탄소 나노 튜브는 자전거뿐 아니라 골프채, 하키 스틱, 카약 그리고 양궁 화살을 만드는 데도 활용됩니다. 이 기술은 뭐든지 튼튼하고 가볍게 만들어서 경주에 유리합니다. 작용·반작용의 법칙을 기억하나요? 무게가 나갈수록 그걸 움직이는 데 더 많은 에너지가 필요하죠.

나노 기술과 운동 기구 하면 수영복이 떠오르진 않았을 거예요. 수영복 역시 기술 발전으로 만들어진 스포츠 장비 가운데 하나랍니다. 항력을 줄여서 적은 힘으로 더 빠르게 헤엄칠 수 있거든요. 이거야말로 필승 조합 아닌가요?

수영복 기술을 발전시키고 싶다면 수영복 소재에 신경 써야 합니다. 소재마다 물을 만났을 때 다르게 반응하거든요. 면으로 된 수영복은 물에 푹 젖어서 무거워지고, 무거울수록 속도는 느려집니다. 친구들과 수영장에서 놀 때 면 수영복을 입는 건 괜찮지만, 경기에서 입는 건 금물이에요.

대회에서 이기는 게 목적이라면 나일론, 폴리에스테르, 스판덱스(만졌을 때 매끄럽고 부드러우며 잘 늘어나는 소재)로 만든 수영복을 입어야 합니다. 이런 수영복들에는 공통점이 하나 있어요. 모두 물이 스며들지 않는다는 점이죠.

　수영을 할 때 물은 수영복에 흡수되는 게 아니라 수영복을 지나쳐서 미끄러집니다. 그렇게 하면 항력이 줄어들어요. 가볍고 물에 저항력이 있는 수영복도 물론 경기에 적합하지만, 세계 최고의 수영 선수가 되고 싶다면 탄소 섬유가 포함된 수영복을 입어야 합니다. 많은 제조사에서 수영복에 탄소 섬유를 섞어 강도와 유연성을 높이고 있습니다. 탄소 섬유를 나일론 가닥으로 감싸기도 하는데, 그때는 소재 전체에 걸쳐 십자형으로 짭니다. 이렇게 하면 옷이 정말 튼튼해지거든요. 항력을 줄이는 데도 도움을 줍니다. 바로 '압축'입니다.

　수영 선수의 몸이 압축되면 항력이 줄어듭니다. 어떻게 그럴 수 있냐고요? 상어의 몸과 인간의 몸을 비교해 보세요. 상어의 몸은 길고 미끄럽습니다. 몸에서 두드러지는 부분은 위쪽과 옆쪽의 지느러미, 꼬리뿐이에요. 이 부위들은 전부 큰 항력 없이 물을 빠르게 뚫고 지나갈 수 있는 모양입니다. 또한 상어는 몸을 양옆으로 흔들며 헤엄칩니다. 속도가 느려질 수

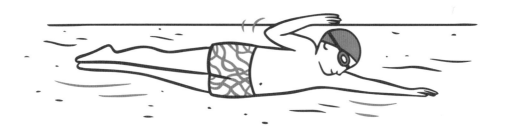

있는 불필요한 행동은 거의 없어요.

이제 인간의 몸을 보세요. 길고 가느다랗게 보이지만 몸에서 항력을 받을 수 있는 부위가 많습니다. 먼저 팔을 계속 저어야 하죠. 팔이 물 밖으로 나갔다가 다시 들어올 때 헤엄치는 사람의 속도를 늦춥니다. 상어처럼 몸이 앞은 둥글고 뒤로 갈수록 뾰족한 유선형도 아니고 머리, 어깨 등 두드러지는 부분이 많아 항력이 커집니다.

사람이 '압축복'을 입는다면, 옷은 이름 그대로 작용할 거예요. 몸을 더 유선형에 가깝게 압축해 주거든요. 오른쪽 그림을 보세요. 몸이 탄탄하게 조여져서 상어처럼 유선형에 가까워진 게 보이나요? 이렇게 하면 항력을 줄이는 데 큰 도움이 됩니다. 탄소 섬유로 만든 수영복을 입으면 좀 더 유선형에 가까워진 신체로 대회에 참가할 수 있습니다. 물론 도움이 안 된다고 생각하는 사람도 있어요. 대회에 참가했을 때 자신이 어떻게 믿고 있는지가 더 중요합니다. 뇌 과학에서 배웠던 걸 기억하나요? 경쟁의 많은 부분이 내 마음에 달려 있습니다. 압축복이 도움이 된다고 믿는다면 도움이 될 거예요.

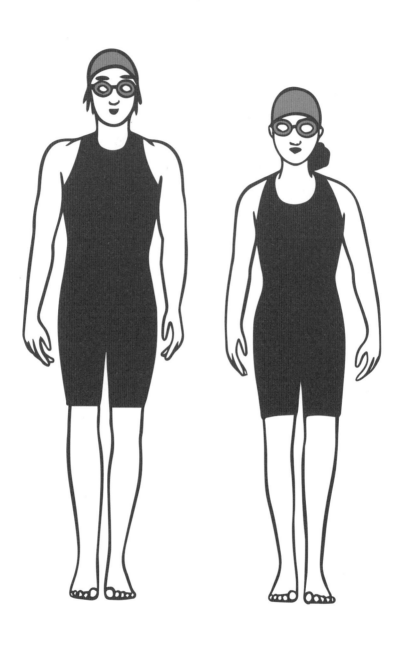

물속에서 항력 시험하기

준비물

- 공 아무거나
- 주걱
- 연필
- 빈 주스통

물속에서 항력이 어떻게 작용하는지 알고 싶나요? 간단한 실험을 해보세요. 세면대나 욕조를 깨끗한 물로 3분의 1만큼 채웁니다. 물건 하나를 집어 물에 넣습니다. 세면대나 욕조의 끝에 두어야 해요.

이제 그 물건을 물속에서 다른 쪽 끝으로 밀고 갑니다. 손을 뒤로 미는 힘이 느껴지나요? 그게 바로 항력입니다. 다른 물건도 똑같이 반복해 줍니다. 물건마다 항력이 느껴지는 정도를 점수로 매겨 보세요. 가장 작으면 1점, 가장 크면 5점으로요. 결과가 어떤가요?

크기는 가장 크면서 모양은 유선형과 가장 먼 물체의 항력이 제일 크게 느껴졌을 거예요. 이제 압축복이 왜 수영 경기에 도움이 되는지 알겠죠?

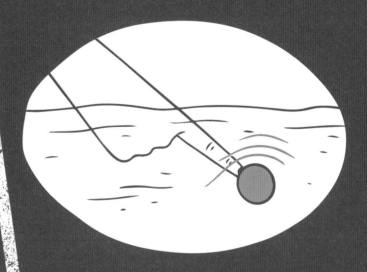

언제 어디서나 안전 제일!

미식축구, 라크로스, 하키 같은 접촉 스포츠를 하다 보면 다칠 수 있습니다. 운동선수를 안전하게 보호하는 게 현장에 있는 모두의 최우선 목표예요. 그렇기 때문에 이런 분야의 선수들은 헬멧을 씁니다. 문제는 헬멧이 불편할 수 있다는 거예요. 혹시 헬멧을 써본 적 있나요? 헬멧이 너무 크면 머리에서 겉돌다 벗겨질 수도 있습니다. 반대로 헬멧이 너무 작으면 꽉 끼어서 뇌를 짓누를 수 있어요(말이 그렇다는 거고, 실제로 뇌를 누르진 않아요!). 헬멧이 너무 조이지 않으면서 편안하게 머리를 감싸는 게 가장 좋은 착용 상태입니다. 운동선수들은 양쪽 귀를 이어 턱을 감싸는 작은 플라스틱 고정 장치를 채우는 것도 잊으면 안 됩니다. 헬멧이 벗겨지지 않도록 잡아주거든요.

머리를 아주 세게 부딪히면 어떻게 해야 할까요? 머리에 강한 충격을 받았다면 코치에게 알려야 합니다. 뇌진탕이 없는지 정확하게 검사를 받아야 해요. 뇌진탕은 보통 머리를 부딪혀 발생하는 뇌의 부상을 의미합니다. 심한 타박상, 충격, 갑작스러운 움직임도 뇌진탕의 원인이 될 수 있습니다. 움직임이 너무 심하면 뇌가 머리뼈 안에서 꼬이거나 튕길 수도 있거든요. 그렇게 되면 뇌세포가 손상될 수 있기 때문에 좋지 않습니다.

뇌진탕이 오면 두통, 메스꺼움, 어지러움을 느끼거나 눈앞에 까만 점이 나타날 수 있습니다. 멍하거나 충격을 받은 것처럼 보일 수도 있고, 심하면 기절할 수도 있죠. 이런 증상을 하나라도 느낀다면 부모님이나 코치에게 당장 말해야 해요! 뇌진탕은 머리를 부딪히고 하루에서 이틀 후에 나타나기도 합니다. 병원에 가서 필요한 조치를 듣고 따라야 해요. 대체로 푹

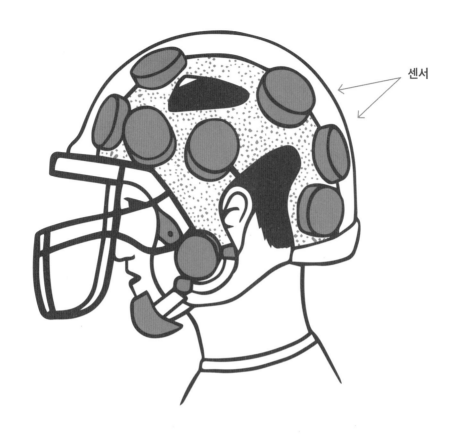

센서

쉬라는 진단을 내려 줄 거예요. 뇌진탕을 가볍게 여겨선 안 됩니다. 다시 돌아가서 경기를 뛰고 싶다면요.

얼마나 심하게 부딪힌 건지 알려 주는 헬멧이 있으면 정말 편하지 않을까요? 부상이 걱정해야 할 정도인지 바로 알 수 있을 테니까요. 사실 지금도 가능한 이야기예요. 운동선수의 헬멧에 센서를 달면 사이드라인 너머 코치가 손에 쥐고 있는 장치로 정보를 전송할 수 있습니다. 이 작은 센서들은 헬멧 내부에 있어서 운동선수가 받는 충격을 측정합니다. 코치는 선수에게 가해진 충격이 얼마나 심한지는 물론, 머리를 부딪힌 방향과 위치도 알 수 있어요. 이런 유형의 정보는 코치와 선수에게 정말 귀중한 자료입니다. 운동선수가 심각한 부상을 입었는지 바로 알 수 있거든요. 선수가 머리를 세게 부딪쳤다면 그 선수를 당장 경기에서 빼내 현장에 있는 팀 닥터에게 보내야 합니다. 부상에 빠르게 대응하는 것은 운동선수의 몸을 지키는 방법이에요.

센서는 어떻게 작동할까?

움직임을 기록하는 센서를 '관성 센서'라고 합니다. 관성을 측정하기 때문이에요. 관성이란 운동하는 물체는 계속 운동하고 정지한 물체는 계속 정지하려는 성질을 말합니다. 관성 센서에는 가속도계와 자이로스코프가 있습니다. 가속도계는 가속도를 측정합니다. 물체가 움직이면 신체에 가속도가 생깁니다. 걸을 때는 가속도가 느리지만, 뛸 때는 가속도가 훨씬 빠릅니다. 가속도계는 신체가 받는 충격이 어느 정도인지도 알려 줍니다 (헬멧으로 이 기능을 활용해요). 충격이 조금만 있어도 머리는 움직입니다. 더 강한 충격을 받으면 가속도가 커지고, 머리는 더 많이 움직이게 됩니다. 가속도계는 이때 일어나는 속도의 변화를 측정합니다.

자이로스코프는 물체가 고정된 지점에서 하나의 각도로 움직인 회전 속도(각속도)를 측정하는 센서입니다. 잠깐, 이게 다 무슨 소리냐고요? 헷갈릴 거예요. 이렇게 생각해 봅시다. 한쪽 팔을 일자로 쭉 펴세요. 이제 팔목을 팔꿈치 아래로 구부려서 땅에 수직이 되게 만드세요. 자이로스코프는 이 움직임을 팔꿈치에서 일어난 회전 운동으로 인식하고 측정합니다. 팔꿈치에서 팔의 각이 바뀌기 때문이에요.

자이로스코프는 자신이 달려 있는 신체 부위를 기준으로 움직임을 기록합니다. 자이로스코프가 머리에 있다면 머리가 움직이는 방향을 기록해요. 예를 들어 머리가 오른쪽으로 움직이면 자이로스코프는 그 움직임을 회전 운동으로 인식합니다. 머리에 충격이 가해지면 어떻게 할까요? 어느 방향에서 충격이 가해졌는지 알려 주겠죠.

운동 경기를 하다가 부딪히면 머리가 한 방향으로 움직일 겁니다. 그러면 반대 방향에서 맞았을 거라고 짐작할 수 있어요. 머리가 오른쪽으로 움직였다면 충격의 원인은 왼쪽에서 왔을 테니까요. 머리가 왼쪽으로 움직였다면 충격은 오른쪽에서 왔을 테고요. 이게 왜 중요할까요? 이런 정보가 있으면 코치는 선수가 충격을 받은 위치를 정확히 알 수 있거든요. 그러면 선수가 어디에 부상을 입었는지 알고 적절히 치료할 수 있겠죠.

실험에 앞서 풍선이 하나 필요해요. 풍선을 크게 불어서 끝을 묶습니다. 그리고 풍선을 한 손으로 잡으세요. 이제 풍선을 주먹으로 힘껏 치세요. 샌드백을 때리는 것처럼요. 풍선이 어떻게 되나요? 주먹을 휘두른 방향으로 멀어졌다가 다시 몸 쪽으로 돌아올 거예요. 우리 몸이 충격을 받을 때 똑같은 현상이 일어납니다.

이제 풍선을 다양한 강도로 쳐 보세요. 처음에는 세게 쳤다가 다시 약하게 그리고 중간 정도로요. 강하게 쳤을 때보다 가볍게 쳤을 때 풍선이 덜 밀려날 거예요. 풍선에 가속도계가 붙어 있다면 이 변화를 모두 측정할 수 있습니다. 가속도계는 머리에 충격이 가해졌을 때 머리가 얼마나 움직였는지 알려 줍니다. 머리가 많이 움직일수록 충격이 더 강한 거겠죠. 충격이 클수록 부상의 위험이 더 크기 때문에 코치에게 이러한 정보는 무척 중요합니다. 당연하겠죠?

안전을 위한 또 다른 기술은 선수의 입 속에서 찾을 수 있습니다. 운동할 때 입 안에 끼우는 마우스 가드에도 센서가 있는데, 이것도 큰 도움이 돼요! 다양한 스포츠에서 마우스 가드를 사용합니다. 마우스 가드는 치아를 보호해 주거든요. 자이로스코프가 달린 마우스 가드는 코치에게 머리에서 충격을 받은 곳이 어디인지 정확한 위치를 전달할 수 있습니다. 이 마우스 가드는 충격이 가해진 정도와 신체 부위가 움직이는 방향을 측정합니다. 그 정보를 코치가 들고 있는 장치로 전달하고요. 눈 깜짝할 새에 중요한 정보를 손에 넣게 되는 거죠!

머리의 충격을 측정하는 센서로 머리 자체에 부착하는 패치가 있습니다. 귀 뒤에 붙일 수 있도록 끈끈한 접착 면을 가지고 있죠. 이 패치는 크기가 아주 작아서 헬멧을 쓰는 데 전혀 방해가 되지 않습니다. 패치 역시 충격이 가해진 방향을 전달하고, 선수가 머리를 맞은 횟수를 측정합니다. 코치는 이런 정보를 활용해 선수가 입는 부상을 줄입니다.

건강을 지키는 스포츠 기술

안전은 타격이나 충돌에서 보호받는 것만을 뜻하지 않습니다. 건강하다는 의미까지 포함하죠. 몸이 아프면 경기에 제대로 임할 수 없습니다. 사람들은 다양한 이유로 병에 걸리지만, 감염을 유발하는 두 가지 원인은 박테리아와 균류입니다. 박테리아는 세계 어디서나 사는 미생물이에요. 흙과 땅, 바다, 심지어 우리 몸속에도요. 맞아요. 지금도 우리 장 속에는 박테리아가 살고 있습니다. 하지만 걱정 마세요. 장에서 음식을 소화하는 과정을 돕는 거니까요. 박테리아는 너무 작아서 현미경으로만 볼 수 있습니다.

우리는 박테리아와 이상한 관계를 맺고 있습니다. 박테리아는 우리 몸의 소화를 돕지만 우리를 아프게 하기도 합니다. 박테리아로 생기는 질병은 폐렴, 패혈증, 인두염, 식중독 등 다양합니다.

균류 또한 아주 작은 생물이지만 보통 육지에 삽니다. 균류는 흙이나 식물 잔해에서 발견돼요. 효모균은 특히 따뜻하고 습기가 많은 곳을 좋아합니다. 그래서 빵과 맥주를 만들 때 쓰죠. 물론 사람에게 감염을 일으킬 수도 있습니다.

박테리아로 일어나는 감염은 보통 의사에게 치료를 받아야 합니다. 의사가 항생제를 처방할 때도 있습니다. 감염 상태에서는 피로를 느끼기도 하는데, 그때는 휴식을 취해야 합니다. 균류는 무좀을 일으킬 수도 있습니다. 걸려 본 경험이 있을 수도 있겠

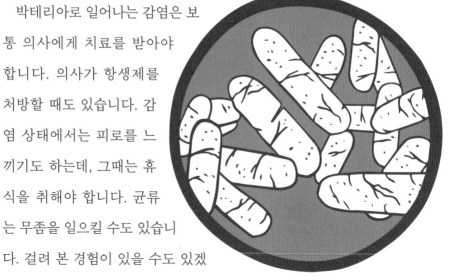

죠. 무좀이 생기면 발이나 발가락 사이의 피부가 벗겨집니다. 발이 너무 가려워서 미친 듯이 긁고 싶죠.

갑자기 이런 질병 이야기를 왜 하느냐고요? 기술이 해결할 수 있거든 요! 맞아요. 스포츠 양말이 무좀을 예방할 수 있습니다. 양말 회사는 양말 속에 은나노를 엮어 넣습니다. 은에는 균에 저항하는 성질이 있어서 박테리아와 균류의 번식을 막을 수 있어요. 은나노 섬유는 양말뿐 아니라 반바지, 티셔츠, 속옷에도 쓰입니다. 혹시 알고 있나요? 은나노는 냄새도 없애 준답니다. 이제 냄새나는 운동복에 작별을 고하자고요.

입는 웨어러블 기술

웨어러블 기술이란 뭘까요? 말 그대로 '입을 수 있는(wearable)' 기술이죠. 많은 사람이 일상에서 웨어러블 기술을 사용하고 있어요. 지금 여러분도 이 기술을 쓰고 있을지 모릅니다. 혹시 걸음 수를 세어 주는 시계를 차고 있나요? 그런 기계를 보수계라고 부릅니다. 보수계는 가속도계보다 좀 더 단순해요. 걸음 수를 계산해 하루에 총 이동한 거리를 측정해 주거든요. 가속도계는 움직인 거리와 속도를 알려 주고요.

신체 활동을 기록하는 장치를 '건강 추적기'라고 부릅니다. 요즘에는 건강 추적기를 쓰는 사람이 정말 많아요. 손목에 시계로 차거나 벨트에 클립으로 걸고 다니죠. 자신이 어떤 정보를 모으고 싶은지에 따라 건강 추적기는 다양한 기능을 갖추게 됩니다. 보수계가 될 수도, 가속도계가 될 수도 있습니다. 건강 추적기라면 보통 둘 중 하나는 포함하고 있습니다. 오늘

얼마나 높이 올랐는지 궁금한가요? 그 정보를 알려면 위성 위치 확인 시스템(GPS)이 필요합니다. GPS는 세계 어디서든 위치를 파악할 수 있는 시스템으로, 움직임을 추적하기 위해 인공위성을 이용합니다. 거의 모든 휴대폰과 건강 추적기에 GPS가 달려 있습니다.

건강 추적기로 심박수를 측정할 수도 있습니다. 심박수가 무엇인지 기억하나요? 심장이 1분에 몇 번 뛰는지를 측정한 수죠. 심박수가 높을수록 훨씬 강도 높은 운동을 하고 있다는 뜻입니다. 꾸준히 운동을 한다면 자신의 평균 심박수는 몇이고 언제 심박수가 높아지는지 아는 것이 중요합니다. 그렇게 하면 항상 안전하게 운동할 수 있습니다. 운동 중에 심박수가 너무 높으면 위험하거든요. 건강 추적기가 심박수를 숫자로 알려 줄 거예요. 운동하는 동안 심박수는 1분당 200회를 넘지 말아야 합니다. 200회보다 높다면 의사에게 알려 이렇게 계속 운동해도 괜찮은지 확인받아야 합니다.

수면 패턴을 기록하는 건강 추적기도 있어요. 수면 추적기는 여러 센서를 조합해 만든 장치입니다. 먼저 심박수 모니터가 있습니다. 사람이 잠에 들면 심박수는 떨어집니다. 그게 보통이에요. 잠이 들면 안정 상태로 빠져들기 때문입니다. 또 다른 센서는 자는 동안 움직임을 측정합니다. 움직이지 않고 차분하게 잠을 자는지, 아니면 뒤척이면서 잠을 자는지 알 수 있습니다. 이게 왜 중요할까요? 차분하게 자면 잠도 더 잘 자고 아침에 상쾌한 기분으로 깨어날 수 있기 때문입니다. 마지막으로 수면의 단계를 측정하는 센서가 있습니다.

수면은 크게 두 단계로 나뉩니다. 눈이 빠르게 움직이는 렘수면과 비렘수면입니다. 렘수면은 깊이 잠들어 꿈을 꾸는 상태입니다. 아침에 푹 쉬었다는 느낌을 받으려면 렘수면이 필요합니다. 밤에 우리 뇌는 비렘수면에서 렘수면 상태로 바뀌었다가 다시 비렘수면 상태로 돌아옵니다. 사람마다 자신만의 수면 패턴을 가지고 있습니다. 이 패턴은 질병, 스트레스, 꿈에 방해를 받기도 합니다. 수면 추적기로 수면 패턴을 기록하면 언제 깊이 자는지, 언제 잠을 설치는지 알 수 있습니다.

건강 추적기는 낮 동안 소비하는 칼로리의 양도 기록해 줍니다. 칼로리는 에너지 단위입니다. 매일 일정량 이상의 칼로리를 섭취해야 하고, 이 칼로리는 음식에서 얻습니다. 음식을 많이 먹을수록 칼로리를 더 많이 섭취하게 됩니다. 6세에서 12세 사이의 어린이는 매일 1,600칼로리에서 2,200칼로리가 필요합니다.

차가 달리려면 연료가 필요하듯 우리 몸도 그렇습니다. 우리 몸은 휘발유 대신에 칼로리를 연료로 사용합니다. 움직이기 위해 에너지가 필요할

궁금증 해결! 내가 먹은 칼로리는?

하루에 몇 칼로리나 섭취하는지 궁금한가요? 먹은 음식을 기록하세요. 다른 음식보다 칼로리가 높은 음식도 있습니다. 예를 들어 단맛이 나는 음식은 채소보다 칼로리가 높은 편이에요. 미국 농무부에서 운영하는 '내 접시를 골라 봐(Choose My Plate)'라는 온라인 사이트에 방문해 보세요. 우리가 자주 먹는 음식들의 칼로리 정보가 나와 있습니다. 본인이 먹은 음식은 칼로리 정보가 없다고요? 그러면 인터넷에 검색해 보세요. 칼로리 섭취량을 추적할 수 있는 휴대폰 애플리케이션도 좋고요. 건강하고 균형 잡힌 식단을 유지하기 위해서 무얼 먹는지 확인하는 건 좋은 습관입니다.

때 우리는 칼로리를 태웁니다. 매일 칼로리를 얼마나 소비하는지 알고 싶다면, 건강 추적기를 이용하세요. 건강 추적기는 몸무게와 운동량을 추적해 소모되는 칼로리의 양을 계산해 냅니다. 몸무게는 칼로리 소비량을 계산하는 데 큰 영향을 미칩니다. 큰 물체를 움직이려면 더 많은 에너지가 필요하기 때문이죠. 작은 승용차보다 대형 트럭에 들어가는 연료가 더 많은 것처럼요.

건강 추적기를 사서 가장 먼저 해야 하는 일은 나이와 몸무게를 입력하는 것입니다. 추적기를 차고 있는 동안 평지를 걷거나 계단을 오를 때, 3킬로미터 넘게 거리를 달릴 때 칼로리를 얼마나 소모하는지가 측정됩니다. 사람마다 칼로리를 태우는 속도가 다릅니다. 그 속도는 신진대사를 통해 몸에서 에너지를 얼마나 빠르게 쓰느냐에 달려 있습니다. 보통 나이가 어릴수록 신진대사 속도가 빠릅니다. 신진대사는 활동 수준에도 영향을 받습니다. 매일 네다섯 시간씩 운동하는 사람은 그만큼 자주 운동하지 않는 사람보다 신진대사 속도가 훨씬 빠릅니다.

보통 하루에 칼로리를 얼마나 태우는지 안다면, 하루 칼로리 섭취량과 비교할 수 있습니다. 칼로리를 태우는 양이 칼로리를 섭취하는 양보다 많다면, 몸무게가 빠질 거예요. 반대로 칼로리를 태우는 양이 칼로리 섭취량보다 적다면, 몸무게가 늘어날 겁니다. 목표는 이 두 수치를 거의 비슷하게 맞추는 거예요.

건강 추적기가 없다고요? 그렇다면 휴대폰 애플리케이션을 활용하세요. 건강 추적기와 똑같은 기능을 하는 애플케이션이 많습니다. 하지만 애플리케이션을 쓰려면 휴대폰을 항상 지니고 다녀야 해요. 휴대폰을 침실

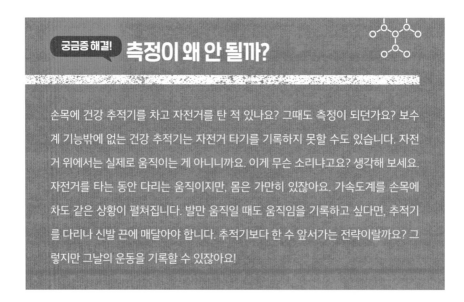

궁금증 해결! 측정이 왜 안 될까?

손목에 건강 추적기를 차고 자전거를 탄 적 있나요? 그때도 측정이 되던가요? 보수계 기능밖에 없는 건강 추적기는 자전거 타기를 기록하지 못할 수도 있습니다. 자전거 위에서는 실제로 움직이는 게 아니니까요. 이게 무슨 소리냐고요? 생각해 보세요. 자전거를 타는 동안 다리는 움직이지만, 몸은 가만히 있잖아요. 가속도계를 손목에 차도 같은 상황이 펼쳐집니다. 발만 움직일 때도 움직임을 기록하고 싶다면, 추적기를 다리나 신발 끈에 매달아야 합니다. 추적기보다 한 수 앞서가는 전략이랄까요? 그렇지만 그날의 운동을 기록할 수 있잖아요!

탁자에 두고 나온다면, 학교에 있는 동안 걸음 수를 측정할 수 없겠죠. 그래서 사람들이 시계로 된 건강 추적기를 활용하는 거랍니다. 아침에 일어나서 시계를 차고 그냥 잊어 버리면 돼요. 너무 편하죠?

러닝화 변천사

또 다른 웨어러블 기술로는 러닝화가 있습니다. 러닝화를 웨어러블 기술이라고 하는 게 억지처럼 보일 수도 있어요. 하지만 결국 신는 것도 '입는' 거니까요. 게다가 요즘 러닝화는 기술의 집합체입니다. 엑스트라 쿠션부터 지지 구조, 특별 센서까지 모든 것이 달리기 효과를 높이고 부상을 방지하기 위해 설계되어 있습니다.

이런 것들이 왜 필요할까요? 달려 봤다면 알 거예요. 달리는 동안에 몸은 다양한 힘을 받는데, 그중에서도 충격은 그 정도가 아주 큽니다. 신발로 땅을 박찰 때, 몸의 힘은 땅속으로 흡수됩니다. 작용·반작용의 법칙에서 알 수 있듯이 모든 작용은 반대 방향으로 같은 크기의 반작용을 일으키고요. 발로 땅을 구를 때 같은 크기의 힘이 발을 통해 몸에 전달된다는 뜻입니다. 발은 동시에 반대 방향으로 흐르는 두 가지 힘을 경험하는 거죠. 그렇게 되면 정말 큰 압력을 받습니다. 맨발로 뛴다면 모든 힘이 발에 고스란히 전해질 거예요. 쿠션이나 발을 지지해 주는 구조가 없다면 고통을 느끼기 시작하겠죠. 그래서 러닝화가 필요합니다.

러닝화는 뛸 때 푹신하게 발을 받쳐 준다는 점에서 일반 신발과는 다릅니다. 발이 땅을 구를 때 받는 충격을 흡수하도록 만들었죠. 지난 30년간

공기주머니

러닝화의 쿠션 기능은 획기적으로 발전해 왔습니다. 1979년 나이키(Nike)가 신발에 공기를 넣기 시작했습니다. 신발의 중앙 밑창인 미드솔에 자그마한 공기주머니를 넣어서 쿠션 기능을 보강했죠. 작은 풍선 위를 걷는다고 생각해 보세요. 걸을 때마다 풍선이 짓눌리지만, 땅에서 발을 들어 올릴 때 다시 부푸는 거예요. 편안하겠죠? 정말 그렇습니다.

1980년대 중반, 아식스(Asics)는 발을 편안하게 받치는 용도로 공기 대신 젤을 사용했습니다. 뒤꿈치를 받쳐 주도록 신발 뒤쪽에 젤로 된 링을 추가하고 앞쪽에도 이 링을 따로 달았습니다. 푹신하면서 부드러운 젤은 뛰는 사람의 발을 지지할 만큼 강하면서도 몸이 받는 충격을 줄여 주었습니다.

러닝화는 계속해서 변화했습니다. 기술은 신발을 신은 사람이 에너지를 돌려받을 수 있는 방향으로 발전했죠. 걸음을 디딜 때마다 에너지의 일부는 땅으로 흡수되지만, 일부는 다시 그 사람의 다리로 전달된다는 사실을 기억하세요. 에너지가 다리로 되돌아가면 달리는 게 더 쉬워집니다. 가능하냐고요? 신발 제조사들의 말에 따르면 그래요. 이렇게 생각해 봐요. 신발이 잘 튀어 오르면 그 반동 중 일부가 다리에 흡수될 거예요. 이처럼 쿠션이 강화된 신발을 신은 사람은 뛸 때 더 힘차게 뛰는 느낌을 받을 수 있습니다.

이런 기능은 한 덩어리로 합친 폼 덕분에 가능합니다. 신발 제조사들이 완두콩 크기만 한 폼 수백 개에 열을 가해 하나로 합쳤거든요. 자그마한 폼들이 단단하게 합쳐져 신발의 밑창을 이룹니다. 폼 사이사이에 공기가 조금씩 들어 있다고 가정한다면, 신발의 탄성이 좋아져서 발이 받는 탄력도 커집니다. 그러면 다리로 돌아오는 에너지도 더 커지겠죠. 조깅용 길처럼 에너지를 돌려받을 수 있는 표면을 뛰는 것과 비슷한 원리입니다(딱딱한 도보나 길과는 달라요! 그런 곳에서는 에너지를 그만큼 돌려받지 못하거든요).

리복(Reebok)은 기존 에어쿠션에 변화를 꾀하며 한 단계 더 나아갑니다. 신발에 달린 버튼을 누르면 공기를 채워 신발의 윗부분이 튀어나오게 만들었어요. 발은 말 그대로 공기에 둘러싸인 상태가 됩니다. 이러한 설계는 공기가 발과 발목을 가장 잘 지지해 줄 수 있다는 생각에서 출발했습니다. 공기가 들어오면 정확히 발과 신발 사이가 부풀어 올라요. 이 신발은 큰 인기를 끌었어요. 특히 발목에 지지가 필요한 운동선수들에게 인기가 좋았습니다.

쿠션이 더 필요하다고요? 신발 제조사들은 이 문제도 해결했습니다. 나이키가 신발 밑창에 탄소 섬유판을 사용해 푹신하면서도 발을 잘 받쳐 주는 신발을 만들었어요. 탄소 섬유(네, 이번에도 나노 기술이에요)를 폼 2개 사이에 넣어서 폼을 더 안정적으로 만든 거예요. 그렇게 하면 신발이 발을 편안하게 잡아 주는 동시에 안정적으로 지탱해 주거든요. 마라톤처럼 먼 거리를 뛸 때 신기 좋습니다.

기록하고 분석하기

기술은 최고의 운동 성과를 낼 때뿐 아니라 건강 정보를 얻을 때도 도움이 됩니다. 게다가 부상도 막아 줘요. 사실 부상을 예방하는 가장 좋은 방법은 체형을 유지하고, 언제나 보호 장비를 착용하며, 안전하게 운동하는 겁니다. 하지만 이런 걸 다 지키더라도 훈련이나 경기 중에 부상당하지 않는다는 보장은 없습니다. 원래 보호 장비가 많지 않은 운동을 하면 어떻게 될까요? 몸을 움직이는 방식이 부상을 초래하는 운동이라면요?

예를 들어 야구와 골프가 있습니다. 공을 치기 위해 각각 배트와 골프채를 사용하죠. 야구 경기 중에는 부딪힐 가능성이 있습니다. 누군가 베이스에 들어가려는 걸 막거나 공을 잡으려다가 동료와 충돌할 수 있어요. 사실 혼자서 입는 부상이 가장 많습니다. 맞아요. 혼자 움직이다가 다칠 수 있다는 말이에요. 말도 안 되는 얘기 같죠?

다행히도 기술이 이 문제를 해결하는 데 도움이 됩니다. 골프와 야구는 물리학으로 요약됩니다. 공을 얼마나 세게 칠지 무릎, 골반, 팔, 머리의 움직임을 조절하는 운동이거든요. 빠르고 세게 칠수록 공은 더 멀리 나아갑니다. 공이 날아가는 각도도 조절해야겠죠. 공을 높이 칠수록 더 멀리 나아갑니다.

트레이너는 우리가 야구공을 치고, 트랙을 달리고, 농구공을 바스켓에 넣는 가장 효율적인 방법을 찾는 걸 도와줘요. 트레이너는 특정한 스포츠 분야를 공부해 선수가 최고의 능력을 발휘할 수 있도록 자신의 지식을 활용하는 사람입니다. 선수마다 생체 정보를 기록하고 그 선수에 대해 연구하기도 합니다. 생체 정보란 심장 박동 수, 혈압, 수면 패턴, 건강 수준, 심지어는 땀을 얼마나 흘리는지와 같은 신체 특성을 측정한 것입니다. 이 생체 정보를 활용해 트레이너와 코치는 선수가 언제 최고의 능력을 내는지 알아내고, 훈련을 통해 그 능력을 이끌어 냅니다.

생체 정보를 활용하는 또 다른 방법은 운동선수가 배트를 어떻게 휘두르는지 영상으로 기록하는 것입니다. 그 영상을 연구해 선수, 트레이너, 코치는 공을 치는 최선의 방법을 결정합니다. 이렇게 생각해 봅시다. 야구공을 치려면 몇 가지 단계가 필요합니다. 먼저 타석에 섭니다. 한쪽 발을 다른 발 앞에 둡니다. 양손으로 배트를 쥐고, 머리 뒤로 넘어가도록 크게 휘두릅니다. 눈은 투수의 손에 고정한 상태입니다. 투수가 공을 던지는 게 보이면, 팔 근육이 팽팽해집니다. 투수 쪽으로 몸이 기울고, 마침내 배트를 앞쪽으로 빠르게 휘두릅니다. '깡!' 펜스 너머로 공이 넘어갑니다. 적어도 그렇게 되기를 바랄 거예요.

배트를 휘두르는 행위는 신체에 다양한 영향을 미칩니다. 야구 선수가 배트를 휘두르는 모습을 영상으로 기록하면 코치는 선수의 스윙을 분석할 수 있습니다. 선수가 에너지를 가장 효율적인 방법으로 활용하는지, 잘못된 각도로 너무 세게 휘두르지는 않는지, 더 가벼운 배트로 바꿔야 하는 건 아닌지 말이에요. 이 과정에서 선수는 배트를 휘두르는 방법과 효율성

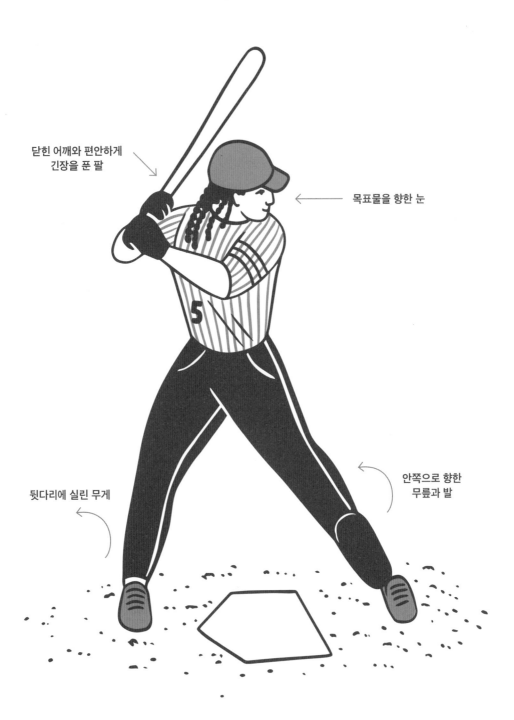

닫힌 어깨와 편안하게
긴장을 푼 팔

목표물을 향한 눈

안쪽으로 향한
무릎과 발

뒷다리에 실린 무게

을 개선할 수 있습니다. 부상도 예방하고요.

배트를 어색하게 휘두르는 야구 선수는 수평에 가까운 스윙을 하는 선수보다 허리를 다칠 위험이 큽니다. 무거운 배트를 사용하면서 팔과 허리를 세게 당기는 선수 역시 부상의 위험이 크죠. 선수마다 움직임을 기록하고, 자세를 점검하기 위해 영상을 찍는 팀이 많습니다. 그렇게 하면 성과뿐만 아니라 안전성을 높일 수 있거든요.

하지만 영상만 도움이 되는 건 아니에요. 컴퓨터로 선수의 움직임 하나하나를 평가할 수도 있습니다. 컴퓨터는 선수의 팔, 골반, 다리의 각도를 분석합니다. 그리고 트레이너에게 선수가 최고의 힘을 이끌어 내도록 신체를 활용하는지 알려 줍니다.

컴퓨터는 선수가 더 효율적으로 스윙을 할 수 있는 방법을 트레이너에게 제안합니다. 아니면 더 큰 힘을 얻는 방법을요. 이런 기술을 활용하면 선수들의 성과가 크게 높아지고 부상도 방지할 수 있습니다.

신소재 그래핀의 등장

기술을 파고들다 보면 언제나 수평선 너머에 더 흥미로운 것들이 기다리고 있습니다. 다음으로 살펴볼 기술은 뭘까요? 바로 그래핀입니다. 이것 역시 탄소의 한 형태예요(혹시 예상했나요?). 그래핀은 탄소 나노 튜브보다 훨씬 튼튼합니다. 하지만 정말 얇아서 그래핀 한 층은 사람의 눈으로는 볼 수 없어요. 정말 멋진 재료죠! 강철과 다이아몬드보다 강하지만, 깃털처럼 가볍고 고무공보다 유연합니다. 잠깐, 튼튼한데 가볍고 쉽게 구부러진다니! 거짓말 같다고요? 정말이에요. 2004년에 그래핀을 발견한 이후로 과학자들과 공학자들은 활용 방안을 계속 연구해 왔습니다.

　오늘날 제조사들은 그래핀을 스포츠 장비에 적극 활용하고 있습니다. 테니스 라켓은 그래핀 덕분에 가벼워졌어요. 1870년대부터 1970년대까지 나무로 테니스 라켓을 만들었습니다. 모양은 둥글고, 스트링은 단단하고, 탄성이 거의 없었죠. 오늘날 라켓에 비하면 무거운 데다 사용하기 불편했어요.

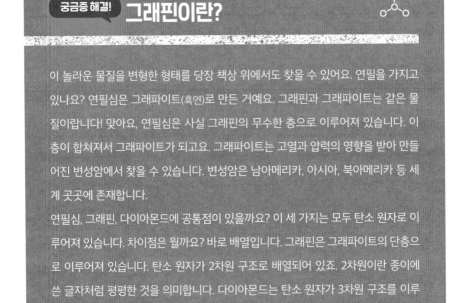

궁금증 해결! **그래핀이란?**

이 놀라운 물질을 변형한 형태를 당장 책상 위에서도 찾을 수 있어요. 연필을 가지고 있나요? 연필심은 그래파이트(흑연)로 만든 거예요. 그래핀과 그래파이트는 같은 물질이랍니다! 맞아요, 연필심은 사실 그래핀의 무수한 층으로 이루어져 있습니다. 이 층이 합쳐져서 그래파이트가 되고요. 그래파이트는 고열과 압력의 영향을 받아 만들어진 변성암에서 찾을 수 있습니다. 변성암은 남아메리카, 아시아, 북아메리카 등 세계 곳곳에 존재합니다.

연필심, 그래핀, 다이아몬드에 공통점이 있을까요? 이 세 가지는 모두 탄소 원자로 이루어져 있습니다. 차이점은 뭘까요? 바로 배열입니다. 그래핀은 그래파이트의 단층으로 이루어져 있습니다. 탄소 원자가 2차원 구조로 배열되어 있죠. 2차원이란 종이에 쓴 글자처럼 평평한 것을 의미합니다. 다이아몬드는 탄소 원자가 3차원 구조를 이루고 있습니다. 3차원이란 길이, 너비, 높이를 갖춘 것을 말해요. 연필이나 의자, 지금 읽고 있는 이 책처럼요. 하지만 안타깝게도 배열이 모든 걸 결정합니다. 연필심은 다이아몬드만큼 값어치 있지 않아요. 좀 많이 아쉽죠?

옛날
테니스 라켓 →

오늘날
테니스 라켓 →

그러다가 탄소 섬유와 그래핀을 발견했습니다. 테니스 제조사들은 이제 라켓의 모든 부분에 그래핀을 사용합니다. 스트링부터 프레임, 손으로 라켓을 잡는 그립까지도요. 프레임은 더 넓어지고 타원형에 가까워져서 '스위트 스폿'이 생겼습니다. 스위트 스폿이란 라켓에서 공을 가장 잘 칠 수 있는 부분입니다. 이 부분으로 공을 치면 네트 너머로 아주 빠르게 날아가서 원하는 위치에 공이 내리꽂힙니다. 그래핀 덕분에 가볍고 유연해진 테니스 라켓은 손의 연장선처럼 느껴집니다. 손을 이용해 시속 240킬로미터가 넘는 속도로 무언가를 칠 수 있다면, 슝! 정말 대단하겠죠? 이러한 이유로 최근에는 운동선수의 실력을 원래보다 더욱 높여 주는 기술이 스포츠의 공정성을 해친다는 우려도 있습니다.

스키 타는 걸 좋아한다면 그래핀으로 강화된 스키를 탔을 거예요. 눈밭

궁금증 해결! 기술은 과연 공정할까?

좋은 질문인 동시에 대답하기 어려운 질문이네요. 스포츠 장비가 수년에 걸쳐 계속 발전하고 있는 건 분명합니다. 1930년대에는 미식축구 헬멧을 가죽으로 만들었거든요. 가죽으로 만든 헬멧은 뇌진탕을 방지하는 데 전혀 도움이 되지 않았습니다. 오늘날에는 선수들을 충격에서 보호하기 위해 다양한 재료를 여러 층으로 덧대어 헬멧을 만듭니다. 기술이 이뤄 낸 성과죠.

하지만 기술이 실제로 운동선수의 능력을 향상시킨다면 어떨까요? 나노 기술로 만든 골프공은 예전보다 더 빠르고 멀리 날아갑니다. 같은 힘으로 스윙을 해도 말이죠. 테니스공도 마찬가지입니다. 더 잘 튀고 가벼워졌어요. 테니스 선수들은 예전에는 상상도 할 수 없던 속도로 공을 네트 너머로 날려 보냅니다.

이제 비용의 문제가 남았죠. 첨단 기술로 만든 장비는 가격이 훨씬 더 비쌉니다. 그럼 그 기술은 그런 장비를 구입할 수 있는 선수만을 위한 걸까요? 이 질문에 답하기는 정말 어렵습니다. 지금도 선수와 스포츠 분석가 사이에서 뜨겁게 논쟁이 오고 가는 주제거든요. 이 질문 하나만으로도 열띤 토론이 가능해요. 여러분의 생각은 어떤가요?

을 가르는 스키는 원래 나무와 유리 섬유로 만들지만, 이제는 스키에 그래핀 층을 추가하고 있습니다. 현재 제작되는 스키는 중앙에 얇은 나무 블록을 끼워 넣고, 위아래에 유리 섬유와 그래핀 한두 층을 추가해 강도를 높입니다. 스키가 더 튼튼하고 유연하면서 가벼워져요. 이 세 가지 조합 기억하죠? 그러면 움직이는 데 에너지를 덜 쓰게 됩니다. 산을 날아가듯 가볍게 내려갈 수 있다는 뜻이죠. 폴대로 방향을 잘 잡아서 내려가도록 해요!

안전도 소홀히 해서는 안 되죠. 그래핀은 새롭게 만들어진 자전거 헬멧

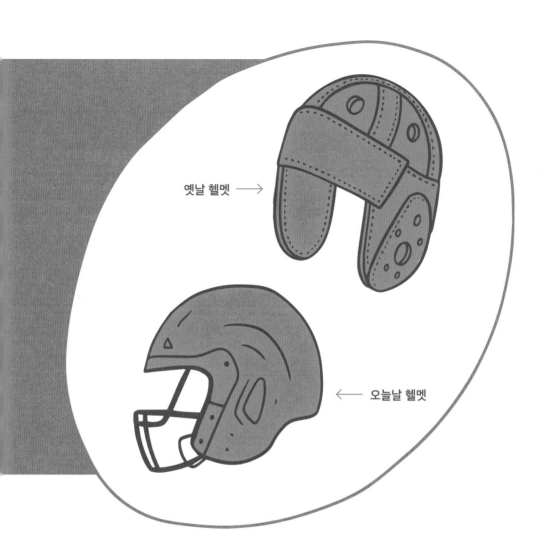

옛날 헬멧 →

← 오늘날 헬멧

에서도 찾아볼 수 있습니다. 안전은 모든 스포츠에서 중요하지만, 특히 사이클링에서 중요합니다. 시속 50킬로미터로 산을 빠르게 내려가거나 인도에서 구경하는 사람들 사이를 뚫고 나아가려면 꼭 헬멧을 써야 합니다. 다행인 점은 제조사들이 그래핀으로 자전거 헬멧을 만들어 안전성을 높였다는 거예요. 그래핀 나노 섬유를 이용했죠. 이 헬멧을 '롤 케이지'라고 부릅니다. 머리에 쓰는 케이지라고 생각하면 돼요. 아주 튼튼합니다. 무엇보다 가볍고 편안해서 사람들이 더 자주 씁니다. 결국 헬멧은 써야 머리를 보호할 수 있으니까요(자전거를 탈 때는 헬멧을 착용합시다!).

많은 회사가 스포츠 장비에 그래핀을 활용하는 방법을 찾고 있습니다. 기술이 계속해서 발전하면 이런 장비를 더 많이 보게 될 거예요. 혹시 알아요? 언젠가는 그래핀 수영복이 나올지도요. 그걸 입으면 물속을 날아가듯 질주할 수 있겠죠. 하지만 당연히 수영 속도를 높일 수 있는 가장 좋은 방법은 연습이죠(이제 이 얘기는 그만할게요)!

CHAPTER 3 스포츠의 공학은 승리의 공식

지금까지 스포츠를 하기 위해 몸을 어떻게 만들어야 하는지, 기술이 어떻게 안전을 지키고 성과를 높이는지 배웠습니다. 이제는 행동으로 옮길 차례예요. 공학이 우리를 어떻게 승리로 이끌어 주는지 이야기해 봅시다. 열심히 연습하고 탄탄한 몸을 만드는 건 물론 중요해요. 하지만 과학과 공학을 활용해서 성과를 향상시킬 수 있는 기회가 있다면 기꺼이 잡아야죠. 안 그래요?

먼저 물리학이 스포츠 장비를 설계하는 데 얼마나 중요한 역할을 하는지 배울 겁니다. 미식축구에서 쓰는 공이 한때는 동그랬다는 거 알고 있나요? 투수가 자신이 던질 야구공을 직접 만들기도 했다는 사실은요? 축구공을 만들 때 원래는 돼지 방광이나 깃털을 썼다는 건요? 생뚱맞은 소리 같죠? 스포츠가 생기고 세월이 지나면서 많은 것이 바뀐 게 분명합니다. 진짜 질문은 이거예요. '공은 어떻게 발전했고, 모양이 왜 바뀌었을까?' 여러분은 답을 알고 있나요(힌트: 단순히 돼지 방광을 구하기 어려워져서는 아니에요!)? 정답은 물리학에 있습니다.

우리는 물리학의 관점에서 시공간 속 물질의 원리와 특성을 이해해야 합니다. 공의 모양을 결정할 뿐 아니라 운동에 도움이 되거든요. 공을 때리고, 차고, 잡는 운동을 즐기나요? 물리학을 알면 공이 어디로 움직여서 어디로 떨어질지, 골대 안으로 들어갈지 예측할 수 있습니다. 태클을 걸려고 하는 사람을 피하고 석설한 대형을 만드는 방법노 알 수 있어요.

물리학과 공학은 짝지어 다닐 때가 많습니다. 공학자들은 물리학의 원리를 활용해 항력과 마찰력을 줄이는 스포츠 장비를 설계해요. 목표는 공을 공중으로 더 빠르게 날려 보내는 것뿐 아니라 효율적으로 뛰고, 수영하고, 다이빙하는 방법을 익히는 거예요. 물리학과 공학이 어떻게 우리의 운동 실력을 올려 줄지 더 자세히 살펴봐야겠죠?

물리학은 내 친구

물리학의 기본부터 시작해 봅시다. 먼저 뉴턴의 운동 법칙을 알아야 해요. 과학 시간에 배운 기억이 나나요? 기억이 나지 않는다면 여기서 빠르게 복습해 볼게요.

뉴턴의 운동 법칙

뉴턴의 제1법칙: 관성의 법칙

힘이 가해지지 않는 한 정지한 물체는 계속 정지 상태를 유지하려고 하고, 움직이는 물체는 계속 움직이려고 한다.

이 법칙이 스포츠에서는 어떻게 나타날까요? 축구가 좋은 예시입니다. 잔디밭에 가만히 있는 축구공은 누군가 와서 찰 때까지 움직이지 않습니다. 잔디를 가로지르며 굴러가는 축구공은 장애물에 막혀 멈출 때까지 움직이고요. 그런데 물체가 표면을 움직일 때 또 다른 힘이 개입합니다. 바

정지한 물체는 계속
정지해 있으려고 한다.

불균형한 힘이 전해지기 전까지는

움직이는 물체는 계속
그 속도와 방향대로 움직이려고 한다.

불균형한 힘이
전해지기 전까지는

로 마찰력이라고 부르는 힘이에요. 마찰력은 움직이는 모든 물체에 영향
을 줍니다. 마찰이 전혀 없는 표면 위를 움직이고 있는 게 아니라면요.

잠깐, 관성의 법칙에 어긋나는 이야기 아니냐고요? 아닙니다. 마찰력은
물체의 바깥에서 작용하는 힘이에요. 움직이던 물체에 마찰력이 작용하
면 물체는 점점 느려집니다. 만약 마찰력이 전혀 없다면 공은 관성의 법칙
대로 계속 굴러갈 거예요. 하지만 (적어도 지금은) 지구에 마찰이 없는 표면
은 없습니다. 중력이 거의 없는 우주는 어떨까요? 우주에도 마찰력이 존
재해요. 지구와 비교하면 훨씬 작긴 하지만요.

마찰력은 움직이는 물체를 느리게 만드는 힘입니다. 물체가 움직이는 방향과 반대로 작용하죠. 예를 들어 축구공을 오른쪽으로 찬다면, 마찰력은 공에 대항해 왼쪽으로 발생합니다. 공이 굴러가면 마찰력은 공의 가속도를 아주 조금씩 늦추어 결국 공을 멈추게 만듭니다.

최초 접촉 지점

마찰력

뉴턴의 제2법칙: 가속도의 법칙

물체에 가해지는 힘은 물체의 질량에 가속도를 곱한 것과 같다.

어떤 물체의 질량이 크거나 무게가 많이 나갈수록 그 물체를 움직이는 데 훨씬 더 많은 힘이 필요하다는 뜻입니다. 아주 무거운 상자를 들어 본 적 있나요? 많은 에너지와 힘이 필요했을 겁니다. 근육에 힘을 잔뜩 줘서 끌어 올려야 했겠죠. 하지만 상자가 가벼우면 들고 옮기기가 쉽습니다. 바닥에 두고 밀 수도 있어요.

같은 생각을 스포츠에도 적용해 봅시다. 가벼운 물체를 뻥 차면(큰 힘을 가하면) 그 물체는 가속이 붙으면서 아주 빠르게 멀리 나아갈 거예요. 이게 스포츠에서 중요한 이유는 힘을 가했을 때 질량이나 무게에 따라 공이 얼마나 멀리 나아갈지가 정해지기 때문입니다.

축구나 미식축구에서 쓰는 공은 가벼운 편입니다. 공을 세게 던지거나 힘껏 차면 멀리까지 나아간다는 뜻이죠. 하지만 야구나 라크로스, 하키에서 쓰는 공은 무겁고 질량이 더 큽니다. 공중으로 날리기 위해서는 힘이 정말 많이 필요해요. 그렇기 때문에 야구와 하키에서는 공을 치기 전에 야구 배트와 하키 스틱을 크게 휘두릅니다. 팔을 휘두르면 물체를 더 강력한 힘으로 칠 수 있거든요.

뉴턴의 제3법칙: 작용·반작용의 법칙
모든 작용에는 반대 방향으로 같은 크기의 반작용이 발생한다.

이 법칙은 앞에서 이미 배워서 알 거예요. 기억하나요? 어떤 물체를 밀 때마다 그 물체가 나를 똑같이 민다는 뜻이죠. 물론 진짜로 나를 미는 건 아니에요. 달리면서 발로 땅을 구를 때 땅이 우리 발을 다시 밀지는 않으니까요. 실제로는 발이 땅에 가한 힘만큼 땅에서 발로 그 힘이 다시 전해

반작용으로 땅에서 발로 전해지는 힘

발에서 땅으로 전해지는 힘

지는 겁니다.

아직도 헷갈린다고요? 위 그림을 보세요. 발의 힘이 땅으로 전해집니다. 땅에서 발로 다시 전해지는 힘은 보통 '법선력'이라고 부르는데, 땅의 반작용력입니다. 이 힘이 발을 타고 올라와 다리까지 전해지죠.

물리학이 어떻게 작용하는지 알았으니 이제 활용할 시간입니다. 스포츠와 물리학은 떼려야 뗄 수 없는 사이에요. 여기에 공학을 활용하면 뛰어난 스포츠 장비를 만드는 데 도움을 받을 수 있어요. 공을 잡기에 가장 좋은 위치가 어디인지도 알아낼 수 있답니다.

지렛대의 원리

알게 된 지식을 활용할 준비가 됐나요? 좋아요. 먼저 관성의 법칙과 가속도의 법칙부터 체험해 볼 거예요. 움직이는 물체는 힘이 가해질 때까지 계속 움직인다는 관성의 법칙을 기억하죠? 이 법칙을 테니스 경기에 적용해 봅시다. 테니스 경기에서는 테니스공이 자신의 코트 안에서 두 번 튕기기 전에 받아쳐야 합니다.

경기를 하는 동안 테니스공은 끊임없이 움직입니다. 라켓에 튕겨 땅으로 떨어지기도 하고 네트에 부딪치기도 하죠. 공이 무언가에 부딪힐 때마다 에너지는 부딪힌 물체로 조금씩 옮겨 갑니다. 그렇게 에너지를 잃게 되면 공에 힘이 더해지지 않는 한 속도는 느려집니다. 선수가 공을 다시 돌려보낼 때 일어나는 일이죠. 이때 가속도의 법칙이 일어납니다. 공에 가해지는 힘만큼 공에 가속이 붙습니다. 공을 아주 세게 치면 네트 너머로 공이 빠르게 날아간다는 뜻입니다. 테니스 선수들은 이 원리를 활용해서 상대편 선수가 말 그대로 발을 종종대게 만듭니다.

보통 받아치기 가장 어려운 공은 강력하고 빠른 공입니다. 테니스 선수는 어떻게 강력한 서브를 만들어 낼까요? 테니스 선수는 라켓을 쥔 팔을 뒤로 당겼다가 아주 빠르게 앞으로 내밀며 서브를 넣을 힘을 얻습니다. 그

라켓이 공에 연결되면 '깡!' 강력한 공이 네트 너머로 날아갑니다(조준을 잘했다고 가정한다면요). 보통 공을 칠 때 취하는 팔의 자세는 지면과 평행에 가깝습니다. 상상이 안 된다고요? 오른쪽 그림을 참고하세요.

이 테니스 선수는 스윙을 하는 데 온 에너지를 쏟고 있습니다. 표정을 보면 얼마나 힘을 쓰는지 알 수 있을 거예요. 이 공은 네트 너머로 날아갈 겁니다. 공의 속도가 얼마나 되는지 궁금한가요? 서브 속도가 시속 170킬로미터를 넘는 선수들도 있답니다. 정말 대단한 속도죠!

프로 테니스 선수들은 어떻게 공을 강하고 빠르게 칠 수 있을까요? 연습 덕분이에요! 물리학과 공학 덕도 조금씩 봤고요. 공을 치기 전에 팔을 뒤로 당겨 놓으면, 스윙을 할 때 저장한 에너지를 한 번에 폭발시킬 수 있습니다. 이렇게 하면 팔을 뒤로 당기지 않았을 때보다 더 큰 힘을 만들어 낼 수 있어요. 테니스 선수, 야구의 투수, 라크로스 선수 그리고 배구 선수는 전부 팔을 감아올렸다가 공을 던지거나 칩니다. 선수의 팔을 지렛대라고 생각하면 돼요. 지렛대를 뒤로 잡아당겨 놓으면 더 큰 에너지를 얻을 수 있습니다.

운동선수 역시 아주 큰 힘으로 공을 차면 공에 가속이 붙는다는 걸 알고 있습니다. 그래야 공도 더 멀리 나아가죠. 이제 궁금한 건 '공이 어디에 떨어질까?'입니다. 이 질문에 대한 해답을 얻으려면 이번 장을 더 읽어 보세요. 물체가 어떻게 공중을 가로지르는지 알 수 있을 거예요(힌트: 정말 '붕 뜨는' 기분일걸요!).

지면과
평행을
이루는 팔

궁금증 해결! 지렛대란?

지렛대는 단순 기계입니다. 단순 기계란 움직여서 작동하는 가동부가 아주 적은 장치를 뜻합니다. 사실 쐐기처럼 가동부가 전혀 없는 단순 기계도 있어요. 이런 단순 기계를 이용하면 작업이 수월해집니다. 우리 몸에도 단순 기계가 몇 군데 있습니다. 팔과 다리는 지렛대예요. 치아는 쐐기처럼 음식을 가는 역할을 하고요.

지렛대는 세 가지 요소가 있습니다. 받침점과 작용점, 힘점입니다. 받침점은 지렛대를 받쳐 주는 지점입니다. 힘점은 지렛대로 힘을 가하는 지점이고, 작용점은 지렛대에서 물체로 힘이 작용하는 지점이에요. 테니스를 할 때 팔은 지렛대입니다. 팔꿈치는 받침점이에요. 당연히 어깨도 받침점이 될 수 있습니다. 골프 경기에서 선수는 계속 팔을 곧게 뻗어 공을 칩니다. 어깨가 받침점이 되는 거죠. 내 몸이 단순 기계가 될 수 있다는 사실은 몰랐을 거예요. 그렇죠?

작용점

힘점

받침점

야구를 한다고요? 그렇다면 지렛대에 대해 잘 알고 있겠네요. 우리의 팔은 공을 큰 힘으로 칠 수 있는 지렛대입니다. 그 힘을 키울 방법이 있냐고요? 그럼요. 먼저 발을 단단히 딛고 서면 돼요. 테니스 선수를 생각해 보세요. 서브를 치려고 할 때 가장 먼저 어떻게 하나요? 공이 날아오는 곳으로 재빠르게 뛰어가죠. 그리고 발을 단단히 고정한 채 팔을 뒤로 당긴 다음 최대한 빠르고 강하게 앞으로 휘두릅니다.

야구 선수도 마찬가지입니다. 타석에 들어서면 두 발을 약간 떨어트려 단단히 고정하고 야구 배트를 어깨 뒤로 보내요. 그리고 팔을 휘두를 준비가 되면 앞발을 앞으로 내딛으면서 몸을 기울여 배트를 휘두릅니다. 다음에 야구 경기를 볼 때 타자가 이렇게 하는지 관찰해 보세요.

배드민턴, 탁구, 스쿼시 그리고 라크로스에서도 선수들은 발을 단단히 고정한 다음 팔을 휘두릅니다. 왜 그럴까요? 그렇게 해야 튼튼한 기반을 바탕으로 팔을 되도록 강하게 휘두를 수 있기 때문이에요. 발을 고정하지 않고 팔을 휘두를 수 있을까요? 물론이에요. 하지만 발을 고정하고 휘둘렀을 때보다 힘이 덜 실립니다. 의심이 든다면 직접 실험해 보자고요.

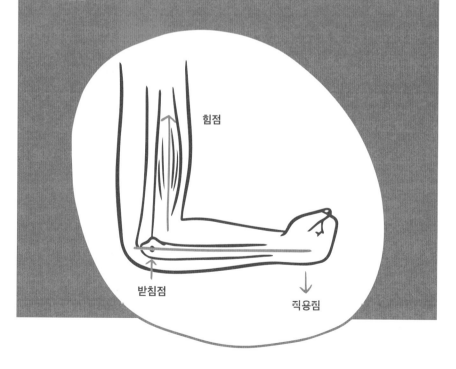

힘점

받침점

직용짐

포물선 운동

캐치볼을 해본 적 있나요? 공을 던질 때 어땠나요? 일직선으로 날아가던가요? 아닐걸요! 휘어서 날아가죠. 못 믿겠다고요? 직접 해보세요. 어떤 물체든 던지거나 차거나 때리면, 그 물체는 곡선 경로를 따라 움직입니다(원반은 공이랑 다른 방식으로 '던지니까' 빼기로 해요). 물체는 왜 곡선 경로를 따라가는 걸까요? 그 이유는 중력에 있습니다.

미식축구를 예로 들어 봅시다. 미식축구공을 공중으로 던지면 공 위쪽으로 가속이 붙지만, 앞쪽과 지면의 수평 쪽에도 마찬가지로 가속이 생깁니다. 우리가 중력이 거의 없는 달에 있다면 공은 아주 멀리까지 날아간 뒤에야 떨어질 거예요.

지구에서는 다릅니다. 공이 손을 떠난 순간부터 중력은 공을 땅으로 끌어당깁니다. 공이 위나 수평으로 움직이고 싶어도 멀리 나아갈수록 중력은 더 커집니다. 결국 중력이 승리하는 모습을 보게 될 거예요. 공이 아래로 꺾이잖아요. 공은 곧 땅에 떨어집니다.

이러한 유형의 움직임을 '포물선 운동'이라고 합니다. 공을 사용하는 모든 스포츠에서 관찰할 수 있는 현상이죠. 야구, 농구, 테니스, 골프, 배구, 라크로스 같은 스포츠 말이에요. 던지고, 차고, 때린 공은 모두 이 포물선이라고 하는 곡선 경로를 따라 이동합니다.

이게 왜 중요할까요? 경기력을 높이기 위해 공학을 활용하고자 한다면 포물선 운동의 원리도 알아야 해요. 공이 얼마나 멀리까지 가는지 안다면 공이 떨어지는 지점도 정확히 예측할 수 있으니까요. 그러면 야구 선수는 날아가는 공을 잡을 수 있고, 골프 선수는 공을 홀에 넣을 수 있으며, 배구 먼저 친구와 3미터 정도 떨어져 섭니다. 친구에게 공을 던지세요. 하늘에서 공이 날아가는 경로가 약간 휘는 게 보일 거예요. 알아차리기 어렵다면 다른 친구를 불러오세요. 두 친구가 공을 주고받는 동안 뒤로 물러나서 그 모습을 관찰합니다. 공이 휘어져서 날아가는 게 보이나요? 아래 그림처럼요. 이제 친구에게 공을 차게 하세요. 공이 어떻게 되는지 지켜봅니다. 아마 예상했을 거예요. 이번에도 공이 휘어지죠.

선수는 공을 칠 정확한 위치로 갈 수 있습니다. 공학과 물리학이 얼마나 도움이 될지 감이 오나요? 이제 내용에 집중이 좀 될 거예요. 지금부터 어떻게 하면 더 훌륭한 선수가 될 수 있는지 알려 줄게요.

궁금증 해결! 중력이란?

중력은 지구상의 모든 것을 지구 중심으로 끌어당기는 힘입니다. 이 힘은 m/s²(미터 매초 제곱)이 단위인 가속도를 기준으로 측정됩니다. 위를 향해서 움직이는 모든 물체가 양성 가속도(+)를 가지고 있다면, 아래를 향해서 움직이는 모든 물체는 음성 가속도(-)를 가지고 있습니다. 지구의 중력은 -9.8m/s²입니다.

우리는 중력을 절대 벗어날 수 없습니다. 적어도 지구에서는 불가능해요. 중력은 천체마다 다릅니다. 예를 들어 달의 중력은 지구 중력의 약 6분의 1인 1.62m/s²입니다. 중력은 물체의 무게에 영향을 미칩니다. 중력이 늘어나면 무게도 늘어나요. 지구에서 45킬로그램이라면, 달에서는 7.5킬로그램쯤 될 거예요. 하지만 중력은 물체의 질량에는 영향을 미치지 않습니다. 지구에서 질량이 45킬로그램이라면, 달에서도 질량은 45킬로그램입니다.

공은 어디에 떨어질까?

야구공을 던진다고 해봅시다. 공을 어떻게 던지나요? 아마 발을 단단히 고정한 채 팔을 휘둘렀을 겁니다. 만약 발을 고정하지 않고 팔을 휘둘러 던지면 어떨까요? 공이 처음만큼 멀리 날아갈까요? 팔을 휘두르는 게 꽤 어려울 거예요. 우리가 본능적으로 팔을 휘두르기 전에 발을 단단히 고정해서 몸을 안정적인 상태로 만들기 때문이에요. 이처럼 공을 어떻게 던지느냐는 중요합니다.

공을 공중으로 던지거나 차면 포물선을 그리며 움직입니다. 공의 이동거리는 두 가지에 달려 있습니다. 바로 던지는 힘과 각도예요. 힘은 얼마나 세게 던지느냐입니다. 팔을 뒤로 감아 보냈다가 온몸을 날려서 던지나요? 그러면 공에 아주 큰 힘이 실릴 거예요. 처음 속도가 아주 빠르겠죠. 속도가 빠를수록 공은 더 멀리까지 나아갑니다. 가속도의 법칙을 배웠으니 이미 알고 있을 거예요. 하지만 각도도 속도만큼 중요하다는 걸 알고 있나요? 그렇습니다. 각도는 공이 공중에서 얼마나 날아갈지 알려 줍니다. 공의 각도를 정하는 방법은 여러 가지예요.

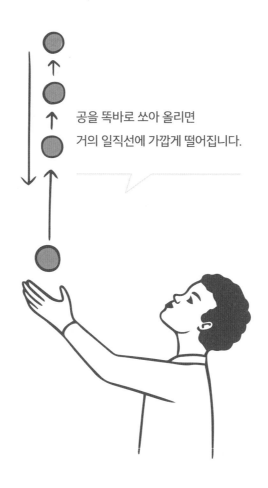

공을 똑바로 쏘아 올리면
거의 일직선에 가깝게 떨어집니다.

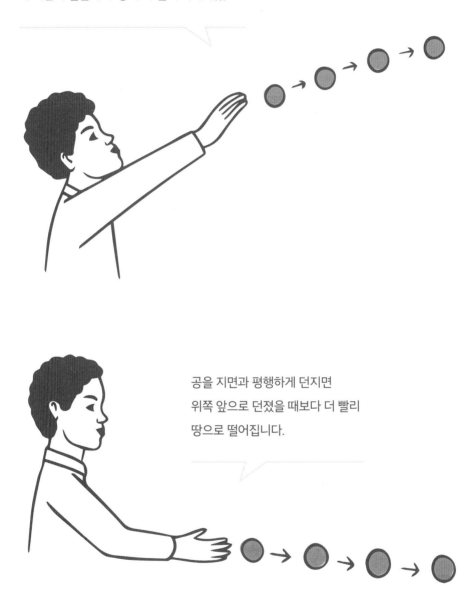

공을 위쪽 앞으로 던지면 땅으로 떨어질 때까지
꽤 시간이 걸립니다. 공이 더 멀리 나아가겠죠.

공을 지면과 평행하게 던지면
위쪽 앞으로 던졌을 때보다 더 빨리
땅으로 떨어집니다.

공을 밑으로 던지면
당연히 빠르게 떨어집니다.

공을 찰 때도 마찬가지입니다.

공을 던지는 사람의 키 역시 공이 얼마나 멀리 나아갈지 영향을 미칩니다. 던지는 사람의 키가 시작 높이가 되거든요. 공을 땅에서 멀리 떨어트려서 던지면 그만큼 더 오래 나아간 뒤에 땅에 떨어집니다. 그래서 미식축구 쿼터백과 야구 투수의 키가 대부분 180센티미터가 넘는 거예요. 키가 크면 공을 더 멀리 보내는 데 유리하고, 쿼터백은 라인맨 너머로 상황을

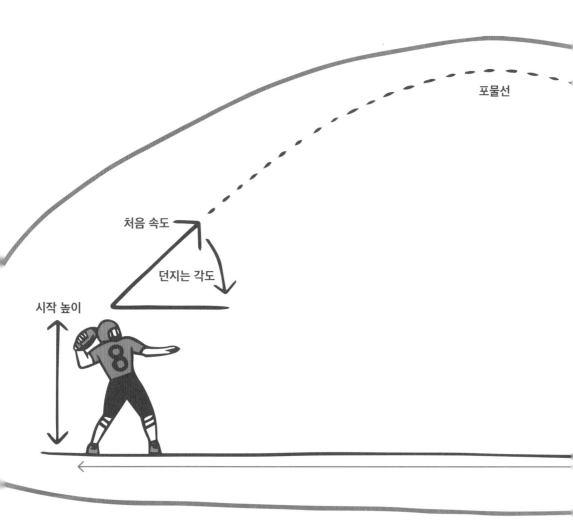

궁금증 해결! 힘과 각도 실험하기

다시 실험 시간이에요. 미식축구공을 준비하고 친구 2명을 데려오세요. 친구들이 공을 주고받는 모습을 지켜봅니다. 자, 이제 던지는 힘과 각도에 변화를 줄 거예요. 공이 어떻게 되는지 확인합시다. 첫 번째 친구에게 공을 작은 각으로 힘껏 던지도록 시키세요. 그리고 다시 더 큰 각으로 부드럽게 던지도록 시킵니다. 공을 받는 친구의 모습은 어떤가요? 아마 예상 밖의 결과가 나올 거예요. 두어 번만 해보면 패턴이 보일 겁니다. 공을 던지는 힘과 각도를 바꿀 때 공을 받는 사람은 아마 앞뒤로 움직였을 거예요. 옆에서 옆으로 움직였을 수도 있고요. 처음 공을 잡았을 때와 같은 위치에 있지 않을 겁니다. 친구가 날아온 공을 모두 잡았나요? 어떻게 잡았나요?

거리

속도

지켜볼 수 있거든요. 라인맨도 보통 180센티미터가 훌쩍 넘으니까요.

공이 어디에 떨어질지 예측하는 가장 좋은 방법은 '정점'을 찾는 거예요. 정점이란 포물선에서 가장 꼭대기 지점을 의미합니다. 공이 정점에 도달

정점

속도

거리

하면 그때부터 빠르게 꺾여서 땅으로 떨어집니다. 정점에서는 중력이 속도를 늦출 정도로 커서 공의 속도가 줄어들거든요. 속도가 줄어들면 공의 높이와 이동 거리도 줄어들어요.

실력 좋은 선수가 되고 싶나요? 정점을 찾는 법을 익히세요. 정점을 찍고 낮아지는 포물선을 눈으로 쫓을 수 있다면, 공이 어디에 떨어질지 알아낼 수 있습니다. 공이 떨어지기 전에 먼저 가는 게 요령이에요.

물론 쉬운 방법은 아니에요. 미식축구 경기에서 패스에 실패하는 모습을 본 적 있나요? 야구 경기에서 공을 놓치는 모습은요? 이게 다 공이 떨어질 위치로 제때 가지 못해서 생기는 일이에요.

날아가는 공처럼 움직이는 목표물을 잡는 건 연습이 정말 많이 필요합니다. 야구든, 농구든, 미식축구든, 라크로스든 연습을 해야 어디로 갈지 판단할 수 있어요. 공을 던지고 잡는 연습을 하루에 몇 시간씩 반복해야 합니다. 친구와 연습할 수도 있어요. 밖에 나가서 뛰고, 지그재그로 움직이고, 뒤로 돌고, 공을 잡습니다. 연습을 마쳤나요? 잘했어요. 이제 연습을 반복합니다. 움직임에 변화를 주세요. 던지는 속도를 다르게 합니다. 공을 매번 놓치지 않고 잡는 게 생각만큼 쉽지는 않을 거예요.

반응 시간을 훈련하는 것도 필요합니다. 반응 시간이란 어떤 자극에 반응하는 속도를 의미합니다. 공이 땅에 떨어지기 전에 낚아챌 만큼 빠르게 달리는 훈련이 필요하겠죠. 그리고 목표한 곳까지 가려면 얼마나 빨리 움직여야 하는지도 알아야 합니다.

예를 들어 친구가 공을 6미터 떨어진 곳으로 보낸다면 공이 땅에 떨어지기 전까지 얼마나 빨리 달려야 할까요? 서있는 위치에 따라 달라집니다. 친구 옆에 있나요, 친구보다 3미터 앞서 있나요? 아니면 3미터 뒤에 있나요? 친구가 공을 얼마나 세게 던졌나요? 이 모든 것이 반응 시간에 영향을 미칩니다.

미식축구 선수가 패스한 공을 잡기 위해 뛰쳐나왔다가 제자리로 돌아가기 위해 빠르게 달리는 모습을 본 적 있을 거예요. 선수들은 얼마나 멀리까지 갔다가 다시 돌아와야 하는지 정확히 알고 있습니다. 쿼터백은 리시버에게 공을 보내려면 언제 공을 던져야 하는지 알고 있어요. 쉬워 보여도 꽤 복잡한 일입니다. 매 경기에서 각 선수가 차질 없이 움직여야 성공할 수 있거든요.

리시버의 반응 시간은 아주 중요합니다. 리시버가 천천히 움직이면 공보다 빨리 도달할 수 없어요. 그렇다고 너무 빨리 움직이면 공보다 먼저 도착해서 공이 오기 전까지 꼼짝없이 붙잡혀 있게 됩니다. 리시버는 몸을 돌려 공을 잡고 계속 뛰어야 합니다. 가만히 서서 공을 기다리면 안 돼요. 그러면 태클을 낭할 위험이 커지니까요.

펜스를 넘어 홈런!

혹시 야구를 하나요? 그렇다면 홈런을 한 번, 아니 두 번도 쳐봤을 거예요. 혹시 홈런과 물리학의 관계를 생각해 본 적이 있나요? 공을 어떻게 그렇게 높이 그리고 멀리 칠 수 있을까요? 정답은 몇 가지로 요약됩니다. 첫 번째 요소는 '탄도학'이에요. 공이 나아가는 거리를 늘리는 방법은 이미 배워서 알겠죠. 더 큰 각도로 호를 그리면 됩니다. 당연히 수직으로 쏘아 올

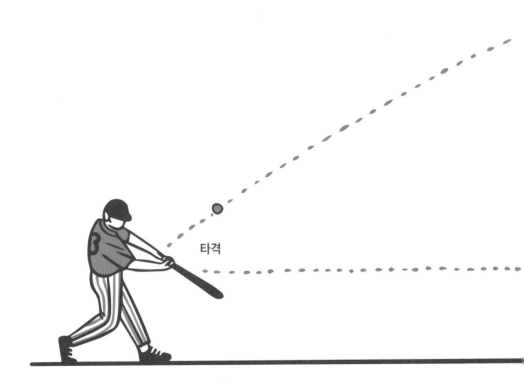

타격

리라는 뜻은 아니에요. 내야 플라이(타자가 친 공이 내야수가 잡을 수 있을 정도로 떠오르는 일)가 되어서 아웃이 나올 테니까요. 공을 위쪽으로 높이 치되 부드럽게 호를 그려야 합니다. 아래 그림을 참고하세요.

좋은 타자가 되기 위한 두 번째 요소는 '타격'입니다. 배트에서 공에 가해지는 충격은 공이 얼마나 높이 그리고 멀리 나아가는지 결정하는 데 중요한 역할을 합니다. 공을 되도록 세게 쳐야 해요. 하지만 고려해야 할 사

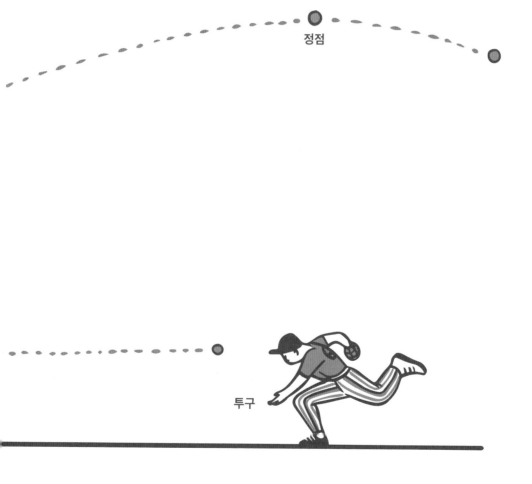

정점

투구

항이 더 있습니다. 바로 스위트 스폿이에요. 모든 배트에는 스위트 스폿이 있습니다. 스위트 스폿이 대체 뭐냐고요? 스윙을 했을 때 배트에서 공에 가장 큰 에너지를 전달할 수 있는 위치를 의미합니다. 명심하세요. 스위트 스폿은 배트에 있는 한 지점이 아닙니다. 공을 가장 잘 칠 수 있는 영역이에요.

배트에 공이 부딪힐 때 배트는 충격을 받아 진동합니다. 이 진동이 공으로 전해지고 손에도 전달되죠. 목표는 이 진동을 '손'이 아니라 '공'으로 전하는 겁니다. 진동이 클수록 에너지가 더 커지거든요. 물리학자들은 모든 배트에 스위트 스폿이 있다는 사실을 밝혀냈습니다. 스위트 스폿으로 공을 치면 진동이 대부분 공으로 전달돼요. 힘을 최대한 많이 전달하려면 스위트 스폿 안에 공을 맞혀야 합니다.

홈런을 치기 위해 알아야 할 세 번째 요소는 '반응 시간'입니다. 테니스 선수는 스윙을 위해 라켓을 뒤로 당길 타이밍을 알고 있습니다. 야구 선수도 마찬가지입니다. 타자가 타석에 선 자세를 생각해 보세요. 어깨를 베이스 측면에 맞추고 있죠. 왼쪽 또는 오른쪽 어깨(오른손잡이인지 왼손잡이인지에 따라 달라요) 너머를 보면서 말이에요. 한쪽 발을 다른 쪽 발 앞에 널찍이 떨어트려 두고, 배트를 어깨 뒤로 당깁니다. 눈은 투수의 손에 들린 공에 집중하고요. 자세를 잡았다면 스윙을 할 준비가 끝났습니다.

이제 공이 내 쪽으로 얼마나 빠르게 날아올지가 관건입니다. 공을 놓치지 않고 치기 위해서는 배트를 특정한 위치로 보내야 하거든요. 뇌가 겨우 몇 초 만에 공이 날아오는 속도와 각도를 가늠한 뒤, 근육을 적절한 방향으로 움직여서 공을 칠 수 있을 만큼 빠르게 배트를 휘둘러야 합니다. 그

스위트 스폿을 찾아라!

야구 배트에서 스위트 스폿을 찾고 싶나요? 손잡이 끝에서 11센티미터 떨어진 곳을 찾아 표시하세요. 그리고 다시 손잡이 끝에서 17센티미터 떨어진 곳을 찾아 표시합니다. 이 두 선 사이가 바로 스위트 스폿이에요. 공을 이 영역 안에 맞히도록 연습해 보세요. 공으로 전달되는 힘이 어떻게 달라지는지 느낄 수 있을 거예요.

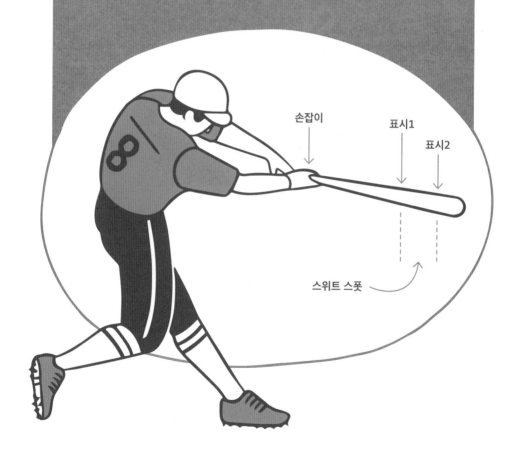

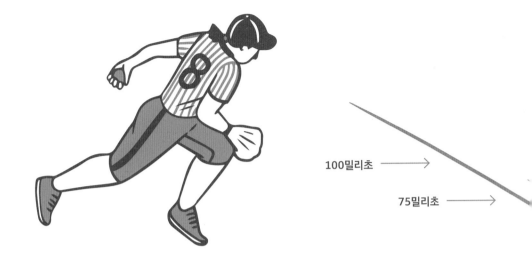

과정을 한번 살펴봅시다.

메이저리그 투수가 시속 145킬로미터로 공을 던집니다. 타자는 20미터 떨어진 타석에 자리하고 있어요. 공이 타석을 가로지르기 전에 치려면 400밀리초(1밀리초는 1초의 1000분의 1) 안에 움직여야 합니다. 1초도 안 되는 시간 동안 타자는 어떻게 반응할까요?

- 100밀리초 동안 공을 봅니다.
- 75밀리초 동안 뇌에서 공의 속도와 각도를 가늠합니다.
- 25밀리초 동안 공을 칠지, 그냥 둘지 결정합니다.
- 공을 치기로 결정한다면 당장 행동에 옮겨야 합니다. 150밀리초 동안 공이 날아올 곳에 배트를 휘두릅니다.
- 깡! 공을 쳤습니다!

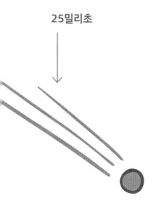

25밀리초

그러면 다음과 같은 상황이 벌어질 수 있습니다.

1. 성공이에요! 스위트 스폿에 공을 맞혀서 외야수의 머리 너머로 날려 보냈습니다. 홈런!
2. 배트를 휘둘렀지만 공을 맞히지 못했네요. 원 스트라이크입니다.
3. 배트를 휘둘러서 공을 맞힌 뒤, 1루 진출합니다.
4. 배트를 휘둘러서 공을 맞혔지만 파울존으로 들어갔네요. 파울볼입니다.
5. 공을 맞혔지만 상대편 선수가 공을 잡았습니다. 아웃이에요.
6. 배트를 휘두르지 못했습니다. 스트라이크 또는 볼이 선언됩니다.

이 모든 게 400밀리초 동안 이루어지는 일입니다. 400밀리초는 눈을 깜빡이는 시간과 거의 비슷해요. 정말 짧은 시간이죠? 야구 선수들이 왜 그렇게 열심히 타격 연습을 하는지 이해될 겁니다. 타이밍이 가장 중요해요. 배트를 몇 밀리초만 빠르거나 늦게 휘둘러도 공을 놓치고 맙니다.

원하는 곳에 공을 보내는 법

내 쪽으로 날아오는 공을 잡지도, 치지도 않으면 어떻게 될까요? 우리는 공을 원하는 위치로 날려 보낼 수 있어야 합니다. 공이 정점에 다다르는 것도 봐야 하고요. 그렇지만 공이 내가 의도한 위치에 정확하게 떨어지도록 하려면, 타격의 각도와 속도를 아는 것 또한 중요합니다.

축구를 예로 들어 봅시다. 공을 차서 골대 안으로 넣으려는 상황이에요. 무엇을 알아야 할까요? 내가 어디 있는지, 골대가 어디인지, 골대까지 각

궁금증 해결! 회전을 만드는 발 차기

축구 경기에서 직접 자기 몸을 구부려서 공을 찰 때도 있습니다. 이상하게 들릴지 몰라도 끝까지 읽어 보세요. 공과 연결된 발의 위치는 공이 나아갈 행로를 결정하게 됩니다. 공을 똑바로 차지 않고, 몸을 구부려서 발의 각도를 튼 다음 공을 차면 어떻게 될까요? 골키퍼의 머리를 넘겨 멀리 떨어진 네트의 구석을 노리기에 충분한 회전을 만들 수 있습니다. 데이비드 베컴 같은 프로 축구 선수들을 보세요. 자기 몸을 도구처럼 활용해서 놀라운 슈팅을 선보이기도 하잖아요.

도가 얼마나 되는지, 나와 골대 사이에 다른 선수가 있는지 전부 신중하고 빠르게 따져 봐야 합니다. 지금 경기를 뛰고 있다면요. 공을 높이 찰수록 공은 멀리 가지 못합니다. 그러므로 골대에 가까이 있다면 높이 차야 해요. 그러면 짧은 숏이 되고, 진로를 방해하는 수비수들을 건너뛸 수 있습니다. 내가 원하는 때에 공이 떨어지게 하는 것이 요령입니다. 공을 차서 적절한 순간에 정점에 이르도록 하는 연습이 필요하다는 뜻이죠.

물론 고려할 사항은 더 있습니다. 이번에는 공에서 어디를 차야 하는지 따져 볼 거예요. 맞아요. 어디를 차느냐에 따라 공의 각도와 속도 그리고 회전을 조절할 수 있습니다. 지면 가까이에서 다리를 위쪽으로 올려 차면 공이 공중으로 높이 뜹니다. 공을 아주 힘껏 차면 공이 커다란 호를 그리며 멀리까지 날아갈 거예요. 그것보다 힘을 덜 주면 그만큼 높이 올라가진 않습니다. 더 짧은 호를 그리겠죠. 공이 수비수의 머리를 넘겨서 땅에 떨어지도록 한다면 딱 좋습니다. 골대로 들어가면 더 좋고요.

공에서 정확히 가운데를 차면 공이 땅에서 뜨지 않을 확률이 높습니다. 공 가운데를 힘 있게 차는 킥은 팀원에게 공을 패스할 때 좋습니다. 운이 좋다면 골로 이어질 수도 있어요.

농구공 슈팅하기

농구 역시 공으로 목표물을 맞히는 스포츠입니다. 농구공을 림 안에 넣어야 하죠. 공을 넣는 게 보는 것처럼 쉽지만은 않습니다. 공을 던질 때 내가 어디에 있을지 모르거든요. 공을 넣는 데는 다양한 요소가 개입합니다. 공을 잡는 손의 위치, 공을 던지는 힘과 각도, 공을 던질 때 얼마나 높이 뛰는지 등 모든 게 물리학으로 요약됩니다.

요즈음은 농구공의 크기와 모양이 표준화되어 있습니다. 하지만 원래부터 그랬던 건 아닙니다. 최초의 농구 경기에는 축구공을 사용했습니다. 축구공은 잘 튀지 않아 경기 진행이 어려웠습니다. 그래서 새로운 농구공을 만들었어요. 공 전체의 둘레가 약 82센티미터로, 축구공보다 10센티미터쯤 더 컸습니다. 외부는 가죽으로 만들고 내부에는 공기를 불어넣을 수 있는 공기주머니가 들어 있었습니다. 처음에는 갈색이었지만, 선수들이 농구공을 찾기 어려워했기 때문에 주황색으로 바뀌었어요.

오늘날 표준 농구공의 둘레는 약 75센티미터입니다. 사람이 한 손으로 공을 팅기기에는 충분하되, 너무 크지는 않게 만든 거예요. 농구공이 축구공이나 테니스공처럼 작았다고 상상해 보세요. 한 손으로 다루기 더 어려웠겠죠. 공의 크기가 작으면 놓치기 쉬우니까요. 연습만 한다면 딱히 생각

궁금증 해결! 농구공은 공기가 중요해!

바람 빠진 공은 안에 공기가 충분히 들어 있지 않은 상태입니다. 그래서 잘 튀지도 않고, 치기도 어려워요. 원하는 만큼 멀리 보내기도 힘들죠. 공은 잘 튈수록 더 빠르게 움직입니다. 속도는 모든 스포츠에서 중요해요. 농구 선수라면 공을 빠르게 튕기면서 코트를 질주해야 합니다. 바람 빠진 공으로는 그러기가 정말 어려워요. 손이 있는 높이까지 올라오는 데 시간이 훨씬 더 오래 걸리거든요. 공도 더 느리게 튕길 수밖에 없고요. 그러면 공보다 빨리 달리지 못하거나 통제력을 잃고 말겠죠(결국엔 상대편 선수들이 공을 낚아채 갈 거예요).

바람 빠진 공과 잘 튀는 공은 어떻게 다를까요? 물리학의 관점에서 그 원리를 살펴봅시다. 공 A는 큰 힘으로 아래를 향하고 있습니다. 손에서 전해진 힘일 거예요. 공 B가 지면에 부딪히면 그 에너지 일부가 지면에 전달됩니다. 그러면 공의 모양이 조금 납작해지죠. 공이 지면에 부딪히면서 에너지는 지면에서 다시 공으로 전달됩니다. 그렇게 공은 원래 모양을 회복하고 위쪽으로 가속이 붙습니다. 그러면 공 C가 되는 거예요.

바람 빠진 공은 공 B의 상태일 때 변형이 아주 심합니다. 그러면 훨씬 더 적은 에너지가 지면에 전달되고, 다시 공으로 전해지는 에너지도 적어져요. 공이 위로 튀어 오를 때 가속이 붙는 속도도 느려집니다.

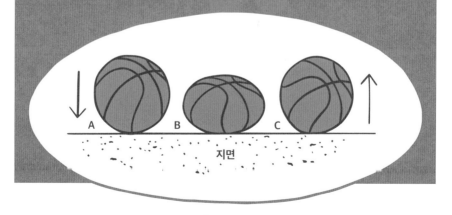

지면

하지 않고도 한 손으로 농구공을 튕길 수 있습니다(최고의 프로 농구 선수들은 다른 일을 하면서 공을 튕길 수 있어요. 상대편 선수들을 둘러보거나, 골대를 보거나, 사이드라인을 살피면서요).

공을 한 손으로 다룰 수 있는 능력은 공을 던질 때 아주 중요합니다. 진짜 중요한 것에 집중할 수 있거든요. 바로 탄도학이죠. 공이 그리는 호의

정점을 기억하나요? 농구공을 쏘아 올릴 때도 정점을 아는 것이 중요합니다. 공을 던졌을 때 두 눈은 공이 그리는 호를 쫓아야 합니다. 정점의 위치를 가늠해서 공이 어디로 떨어질지 알 수 있어야 해요(힌트: 림 안에 떨어지면 좋겠죠?).

농구에서 림의 지름은 약 46센티미터입니다. 백보드는 가로 약 180센티미터에 세로 약 105센티미터이고, 땅에서 3미터 정도 떨어져 있습니다. 지금 계산이 필요한 건 아니니(다음 장에서 할 거예요), 공을 던졌을 때 림이 얼마나 높이 있을지 느끼기만 해보세요. 공을 넣는 건 던지는 각도와 공에 싣는 에너지의 양에 달려 있습니다.

바스켓이 키보다 더 높은 곳에 달려 있다는 걸 기억하세요. 공이 아주 높이 날아가려면 공을 더 높은 곳에서 던져야 합니다. 농구화 대신 10센티미터 굽이 달린 구두를 신을 수는 없는 노릇이니 높이 뛰어야죠. 무릎을 구부렸다가 뛰어오르면 키보다 15~45센티미터는 더 높이 뛸 수 있습니다. 가장 높이 올라갔을 때 공을 놓는 게 핵심이에요. 그러면 공이 공중으로 날아오를 만큼 충분한 힘을 받을 수 있습니다.

농구공을 올바른 각도로 쏘아 올릴 수 있는 방법이 있습니다. 보통은 자신이 주로 사용하는 손으로 공을 던지죠. 여러분은 왼손잡이인가요? 아니면 오른손잡이인가요? 글씨를 쓰는 손이 주로 사용하는 손입니다.

네트 안으로 쏙!

이제 모든 걸 행동으로 옮길 준비가 됐나요? 훌륭한 슈팅에는 과학이 숨어 있습니다. 주로 사용하는 손으로 공의 뒤를 받치세요. 나든 손은 공

주로 사용하는 손의 손목을
뒤로 구부립니다.

주로 사용하는 손은 공 뒤에,
다른 손은 공 옆에 둡니다.

손을 앞쪽으로
밉니다.

옆에 두고요. 공에 직접 닿을 필요는 없습니다. 공을 던질 때 기준점 역할

만 하면 돼요. 주로 사용하는 손의 손목이 내 몸을 향하도록 뒤로 구부립

니다. 그러고 나서 손을 되도록 강하고 빠르게 앞쪽으로 밀어내세요. 손이

자연스럽게 앞쪽으로 완전히 쏠리면 됩니다. 이걸 '폴로 스루'라고 해요.

공을 던질 때 아주 중요한 동작입니다. 손가락 끝에서 공을 떠나보내면서

목표한 곳으로 공이 가도록 보조해 주거든요. 지금 내가 코트 어디에 있

든, 림 쪽으로 각도를 만든 다음 공을 던져야 해요.

공을 던질 때 몸에서 세게 밀어낼수록 더 멀리 날아갑니다. 손의 각도를

더 크게 만들수록 더 높이 날아가고요. 공이 네트 안으로 들어가기를 바라

야죠. 이른바 '네트만 건드리는 숏(농구공을 던질 때 림의 가장자리를 건드리거나 백보드에 맞지 않고 깔끔하게 들어가는 숏)'을 쏠 수도 있지만, 당연히 백보드에 튕겨서 넣을 수도 있어요. 이것 또한 림 안으로 공을 통과시키는 방법이니까요. 다음 장에서 이 방법을 더 자세히 알아볼 겁니다. 수학과 기하학을 이해하면 농구 경기에 도움이 많이 돼요.

슬램 덩크의 과학

농구 경기를 관람해 봤다면, 강력한 덩크 숏인 슬램 덩크를 본 적이 있을 거예요. 정말 멋있죠? 선수가 높이 뛰어올라서 공을 위로 들어 올렸다가, 림에 매달리면서 공을 림 안으로 정확히 꽂아 넣습니다. 덩크 숏! 대체 어떻게 그런 골을 넣을 수 있는지 궁금할 거예요. 안 그래요?

슬램 덩크도 물리학입니다. 일반적인 숏과는 달라요. 높이 뛰어올라 앞으로 전진하는 동시에 팔을 번쩍 들어 올려서 농구공을 바스켓 바로 안쪽으로 넣는 거예요. 이 모든 게 단 몇 초 안에 이루어집니다. 눈 한 번 깜빡이면 상황 종료예요. 오차가 있을 순 있지만 정말 그 정도로 빠릅니다.

먼저 점프를 합니다. 작용·반작용의 법칙을 살짝 떠올려 보죠. 선수가 발로 바닥을 강하게 밀어내면 에너지가 그 반대 방향으로 다리를 밀어 올립니다. 선수는 크게 한 걸음 내딛으며 공중으로 도약합니다. 위로 뛰어오르는 동시에 앞으로 나아갑니다. 도약 한 번으로 먼 거리를 나아가기 위해서예요. 바닥을 직접 걷지 않고도 바스켓에 가까워질 수 있죠. 선수가 바닥 위로 떠오르면 중력이 당연히 선수를 다시 땅으로 끌어 내리려고 합니다. 그래서 한 손으로 농구공을 잡은 채 팔을 되도록 높이 뻗어 올립니다.

선수는 시간을 잘 계산해서 도약이 정점에 이르렀을 때 바스켓의 높이에 다다라야 해요. 아니면 농구공을 들어 올려 림 위쪽으로 던질 수 있을 정도는 되어야 하죠. 선수가 땅에 쿵 하고 착지하면서(마침내 중력이 이긴 거죠) 공이 림 안으로 들어갑니다. 재밌을 것 같다고요? 물론이죠. 덩크 슛을 하는 건 신나는 일입니다. 성공하기는 어렵지만요. 키가 충분히 크거나 점프 실력이 아주 뛰어나거나 둘 다 해당해야 할 수도 있어요.

모양이 스포츠를 만든다

스포츠에서 쓰는 공의 모양에 대해 생각해 본 적 있나요? 공은 대부분 둥근 모양입니다. 골프공, 농구공, 테니스공, 축구공 전부 둥글죠. 그렇게 이상한 일은 아니에요. 둥근 공은 이동 경로를 예측하기 쉬우니까요. 공이 회전하긴 하지만 날아가는 경로는 훨씬 더 제한됩니다. 둥근 공은 더 잘 튕기기도 해요. 한 손이나 라켓으로 공을 위아래로 튕길 수 있습니다.

모든 스포츠에서 둥근 공을 사용하는 건 아닙니다. 미식축구공은 위아래로 긴 '장구형'입니다(그 모양을 이렇게 부르는지 몰랐죠?). 장구형은 양 끝이 뾰족한 타원형을 의미합니다. 오늘날 미식축구공이 그렇게 생긴 건 대부분 알고 있죠. 하지만 미식축구공이 원래부터 그런 모양은 아니었습니다. 초기에는 돼지 방광에 바람을 불어 만들었어요. 그래서 모양이 훨씬 둥글었죠.

둥근 미식축구공은 무겁고 던지기 어려웠습니다. 공을 던지면 멀리 나가지 못했고, 바로 땅에 떨어지기 일쑤였죠. 그래서 경기가 생겨난 처음

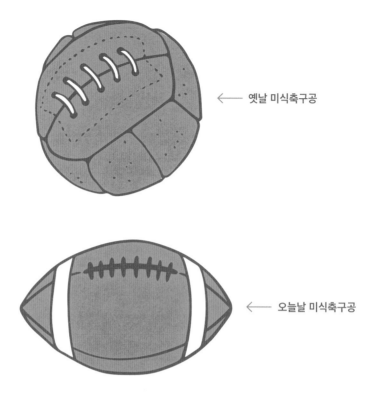

← 옛날 미식축구공

← 오늘날 미식축구공

몇 년간은 선수들이 아래에서 위로 공을 던지는 언더핸드 스로만 했습니다. 1906년이 되어서야 위에서 아래로 공을 던지는 오버핸드 스로를 활용하기 시작했어요. 덕분에 공을 앞으로 패스하는 게 가능해졌습니다. 하지만 여전히 공의 무게는 450그램이 넘었고 아주 무거웠습니다. 둥근 공은 공중을 쉽게 가로지르지도 못했죠.

마침내 1920년, 미식축구공의 모양이 오늘날처럼 바뀌었습니다. 왜 장구형일까요? 물리학 원리를 적용한 결과입니다. 둥근 공은 항력을 줄이는 모양이 아니었습니다. 오히려 아주 큰 항력이 작용했고, 멀리까지 날아갈 수 없었어요. 변화가 필요했습니다. 재밌는 사실은 다른 과학적 발견들처럼 변화가 우연히 일어났다는 거예요.

미국의 프린스턴 대학교와 러트거스 대학교가 미식축구 경기를 하던 중, 공에서 바람이 계속 빠졌습니다. 경기를 몇 번이나 중단하고 공에 바람을 다시 불어넣었죠. 하지만 계속해서 바람이 빠지자 그냥 평평해진 공으로 경기를 하게 됐어요. 약간 평평했던 공은 결국 타원형에 가까워졌죠. 선수들은 공이 이런 모양이 되자 더 잡기 좋다는 걸 깨달았습니다. 공을 패스하거나 받기도 쉬웠어요. 결국 공의 모양을 바꿨습니다. 아주 좋은 생각이었어요.

오늘날 미식축구공은 장구형입니다. 그래야 항력은 줄어들고 상승력은 커지거든요. 상승력은 물체를 위쪽으로 올리는 힘입니다. 중력과 반대 방향으로 작용해요. 공기가 아래로 들어와 물체를 더 높게 들어 올리는 겁니다. 그래서 쿼터백이 공을 공중으로 높이 던지는 거예요. 공 아래에 상승력을 더 크게 만들려고요. 상승력은 공을 공중에 더 오래 띄워 주거든요.

공의 크기에 숨은 비밀

스포츠마다 중점으로 둬야 하는 부분에 따라 공에 가해지는 힘이 달라집니다. 예를 들어 야구공은 아주 멀리 그리고 아주 빠르게 날아가야 하기 때문에 크기가 작습니다. 물체가 작을수록 물체에 가해지는 힘도 적습니다. 상승력과 항력은 모든 스포츠에서 중요합니다. 야구공은 미식축구공보다 훨씬 작기 때문에 물체의 속도를 낮추는 항력을 적게 받습니다. 그래서 야구공이 아주 빠르게 날아갈 수 있는 거예요. 메이저리그 야구 투수의 평

궁금증 해결! 상승력과 항력 실험하기

실제로 상승력과 항력이 작용하는 걸 보며 두 힘에 대해 배워 볼 차례입니다. 집에 있는 공을 모두 모으세요. 가능하면 친구도 1명 부릅니다. 공을 얼마나 멀리 던질 수 있는지 실험하며 공마다 날아간 거리를 비교합니다. 그다음 공을 발로 차세요. 공중으로 어떻게 날아가는지, 지면을 따라 어떻게 굴러가는지 확인합니다. 공에 상승력과 항력이 작용하고 있나요? 공이 각각 어떻게 움직이는지 비교하기 위해 그림을 그려도 좋습니다. 공들을 전부 한 번에 놓고 보면 상승력과 항력이 어떻게 작용하는지 느낌이 올 거예요.

균적인 투구 속도는 시속 142~148킬로미터입니다.

골프공은 야구공보다 더 조그맣죠. 야구공보다 훨씬 더 먼 거리를 날아가야 하기 때문입니다. 프로 골프 선수는 공을 260미터 이상까지 날려 보냅니다. 반면에 축구공은 야구공이나 골프공보다 큽니다. 크기가 커서 손이나 발로 더 쉽게 다룰 수 있죠. 크기가 크면 항력이 커져서 야구공이나 골프공만큼 멀리 보낼 수 없습니다. 하지만 선수들이 공에 회전을 걸 수 있어요. 그러면 공이 날아가는 방향을 더 쉽게 조절할 수 있죠.

바람 부는 날의 항력

바람이 많이 부는 날 경기를 해본 적 있나요? 공이 어떻게 되던가요? 여러분은요? 바람은 모든 것에 항력을 높여서 날아가는 공의 속도를 줄입니다. 여러분이 경기장을 질주할 때나 트랙을 돌 때, 자전거를 타고 산을 오를 때도 바람은 우리 몸을 뒤쪽으로 밉니다.

공이 받는 항력이 커지면 공을 던질 때 더 큰 에너지를 써야 합니다. 팔을 뒤로 보냈다가 힘차게 휘둘러야 한다는 뜻이죠. 야구 배트나 테니스 라켓으로 야구공과 테니스공을 더 세게 쳐야 해요. 또 바람을 뚫고 갈 때 속도가 떨어지지 않으려면 더 힘차게 뛰고, 자전거 페달을 더 세게 밟아야 한다는 뜻이기도 합니다.

바람 때문에 커진 항력을 없앨 수는 있을까요? 어느 정도는 가능해요. 육상 선수들은 바람을 뚫고 달릴 때 몸을 앞으로 기울이고 어깨는 구부린 다음 머리는 살짝 떨어트립니다. 이렇게 하면 몸의 크기가 작아져서 항력이 줄어들거든요. 미식축구 선수들은 공을 낮은 각도로 던져서 공이 받는 항력을 줄이고요. 공이 공중을 직선에 가깝게 날면 공의 중심부가 바람을 가르고 지나면서 항력을 더 적게 받습니다.

바람이 많이 부는 날에 골프 선수들은 공을 지면과 더 가깝게 쳐야 합니다. 공이 공중에 있는 시간이 길어질수록 바람에 걸려 경로 밖으로 이탈할 가능성이 크기 때문입니다. 하지만 바람이 부는 게 유리할 때도 있어요. 필드골(구기 종목에서 페널티 킥이나 자유투가 아닌 방법으로 골을 넣어 득점하는 일)을 넣으려고 할 때는 뒤에서 바람이 불어 주는 게 좋거든요. 그러면 공이 추진력을 얻어 골대를 향해 더 나아갈 수 있어요. 하지만 바람은 보통 내 쪽으로 공을 돌려보내려고 하기 때문에 골대를 향해 공에 힘을 더 실어 보내야 해요.

경기장과 마찰력

실내 스포츠에서 바람은 고려 대상이 아닙니다. 아이스하키나 스피드 스케이팅 경기를 할 때 거센 바람을 견뎌야 하는 경우는 거의 없죠. 그렇다고 실내 스포츠에서 항력과 마찰력이 중요하지 않은 건 아닙니다. 마찬가지로 신체가 공기에 많이 노출될수록 항력이 커지기 때문입니다. 스피드 스케이팅 선수를 본 적 있나요? 스피드 스케이팅 선수들은 몸을 낮춰서 거의 웅크린 채로 스케이트를 탑니다. 그렇게 해야 몸에 작용하는 항력을 줄일 수 있기 때문이에요. 항력은 달리는 속도를 느리게 해서 기록을 늦추거든요. 경기에서 우승하는 게 목표라면 이 상황만은 꼭 피해야 하죠.

아이스하키 선수들도 몸을 수그린 채로 얼음판 위를 가로지릅니다. 그렇게 하면 빠르게 나아갈 수 있어요. 하지만 퍽을 치기 직전에는 몸을 똑바로 폅니다. 팔과 어깨를 되도록 멀리 휘둘러서 퍽을 세게 쳐야 하기 때문이에요. 그러면 퍽에 더 큰 에너지가 전달되거든요.

평소 얼음 위에서는 마찰력이 어떤지 생각해 본 적 없을 거예요. 하지만 마찰력은 중요한 문제입니다. 아이스하키 경기를 할 때 쉬는 시간마다 정빙기(얼음 표면을 고르게 하는 기계)로 얼음판을 정리하는 이유가 궁금하지 않나요? 얼음판을 새로 깔기 위해서예요. 정빙기로 얼음이 다시 매끄러워지거든요. 선수들이 스케이트를 타고 돌아다니면 스케이트 날에 얼음이 파입니다. 그러면 마찰력이 생겨 선수들의 속도가 느려지죠. 그 홈에 새로 얼음을 채워 넣으면 선수들이 훨씬 더 빨리 달릴 수 있습니다.

모든 스포츠 경기장에는 마찰력이 존재합니다. 오늘날 미식축구 경기장은 보통 풀밭이나 인조 잔디로 만들어지죠. 풀은 우리에게 친숙한 재료입니다. 자연적으로 자라기 때문에 경기를 위해 일정한 길이로 다듬어야 해요. 게다가 풀은 마찰력이 큽니다. 사람이 인공적으로 만든 인조 잔디는 풀보다 평평하기 때문에 마찰력이 더 작습니다. 그 대신 풀밭에 넘어질 때처럼 부드럽지 않습니다.

테니스 코트로는 잔디 코트, 클레이 코트, 하드 코트가 있습니다. 잔디는 마찰력이 아주 커서 잔디 코트에서는 공이 쉽게 튀지 않습니다. 클레이 코트는 셰일, 암석, 벽돌처럼 압축된 형태의 바위로 만듭니다. 이런 점토 바닥에서는 공이 아주 잘 튑니다. 마찰력이 크지 않기 때문이죠. 하드 코트는 모래와 섞인 아크릴 물질로 만듭니다. 이 코트의 바닥은 아주 단단해서 공이 정말 잘 튑니다.

야구 경기장에는 흙과 풀이 깔려 있습니다. 풀은 너무 거칠어서 그 위에서 뛰기도 힘들고, 공이 굴러가는 속도도 느립니다. 반면에 흙은 마찰력이 훨씬 작아서 공이 더 빠르게 굴러가죠. 야구 경기를 하면서 몸을 날릴 때 더 잘 미끄러지고요. 하지만 늘 안전에 유의하는 걸 잊지 마세요.

최신 기술과 최고의 설계로 만든 장비를 갖추면 경기력을 끌어 올릴 수 있습니다. 장비는 어떻게 설계할까요? 이때 수학이 등장합니다. 맞아요. 스포츠에서도 수학이 필요합니다.

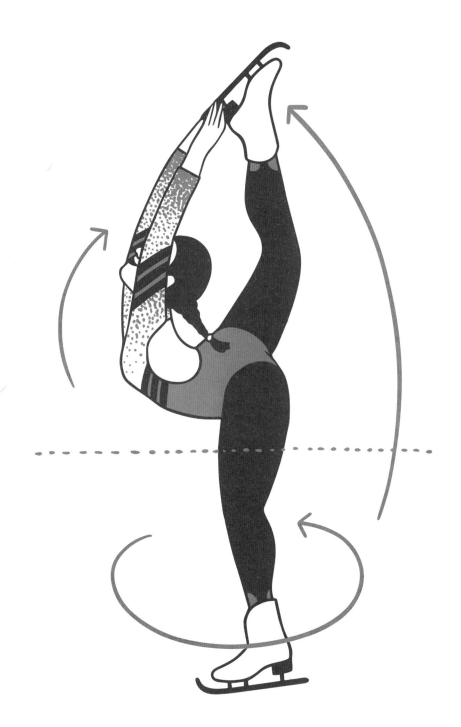

CHAPTER 4 스포츠에 수학을 더하면?

스포츠 하면 공을 차거나 일정한 거리를 달리는 것, 태클을 거는 것, 아니면 수영을 하는 것이 떠오를 거예요. 그런데 스포츠에서는 수학도 아주 많이 활용한답니다. 네, 그 '수학'이요! 생각해 봅시다. 거의 모든 스포츠에서 점수를 기록하지 않나요? 점수란 보통 골을 넣은 횟수를 의미해요. 숫자와 관련이 있죠. 이게 바로 수학이에요.

스포츠를 좋아하는 사람들은 많은 정보를 알고 싶어 해요. 쿼터백이 공을 던지는 평균 거리가 얼마인지, 테니스 선수가 서브를 넣거나 받을 때 보통 얼마나 빠르게 공을 치는지, 5점 이상 앞서고 있는 상황일 때 그 팀은 몇 번 이기는지 같은 것들 말이에요.

자, 인정하자고요. 이 질문 중에서 몇 가지는 대답을 알고 있죠? 질문이 바뀌더라도 마찬가지예요. 답은 통계학에 있습니다. 통계학이란 수치 자료를 모으고, 그 자료를 분석해 비교하는 학문을 말합니다(힌트: 스포츠 아나운서들이 경기를 보면서 말하는 것들 있죠?). 꾸준하게 스포츠 경기를 관람해 왔다면 제일 좋아하는 팀이나 선수에 관해 이미 많은 통계 자료를 알고 있을 거예요.

수학은 확률을 계산할 때도 필요합니다. 확률은 어떤 일이 일어날 가능성을 수치로 알려 줍니다. 이전 장에서 농구공을 올바르게 쏘아 올리는 방법을 배웠죠. 공을 던졌을 때 성공할 가능성이 높은 위치를 알고 싶다면 어떻게 해야 할까요? 확률이 도움이 될 거예요. 통계와 확률은 스포츠 경기를 분석할 때 함께 등장합니다. 선수들을 분석할 때도 마찬가지고요. 코치, 스카우터뿐 아니라 선수마저도 자신의 성과를 확인하기 위해 통계와 확률을 활용합니다. 스포츠에서 점수를 계산하지 않는다면 승자도 없을 거예요. 이제 왜 수학이 중요한지 알겠죠?

경기에서 통계 활용하기

여러분이 팀의 통계 전문가로 일하게 되었다고 생각해 보세요. 이게 무슨 의미일까요? 그 직무를 어떻게 수행해야 할까요? 팀은 물론 각 선수에 관한 모든 통계 자료를 만들고 다뤄야 한다는 뜻이에요.

아주 중요한 임무처럼 들리죠. 맞아요, 중요한 일입니다. 하지만 걱정할 필요 없어요. 일을 시작하기에 앞서 몇 가지만 알면 됩니다. 먼저 득점할 때마다 점수를 얼마나 받을까요? 어떤 경기를 하고 있나요? 팀 경기인가요, 개인 경기인가요? 꼭 생각해야 하는 문제예요!

각 경기는 고유한 득점 방식이 있습니다. 우리에게 익숙한 스포츠부터 살펴봅시다. 오른쪽 표를 보세요(표가 모든 스포츠를 담고 있진 않습니다. 표에 없는 스포츠가 궁금하다면 직접 조사해 보세요!).

전부 이해했나요? 어떤 경기는 다른 경기에 비해 점수 내기가 훨씬 어렵습니다. 하지만 일단 규칙을 이해하면 점수를 따는 게 그렇게 어렵지 않아요. 통계 전문가로서 다음 단계는 통계 자료를 분석하는 겁니다. 그럼 시작해 볼까요?

팀 스포츠	득점
야구	세 번 아웃당하기 전에 선수 1명이 본루를 통과할 때마다 1점
아이스하키	라인을 넘겨 퍽을 상대편 네트 안으로 넣으면 1점
축구, 라크로스, 필드하키, 럭비	골라인을 넘겨 공을 상대편 네트 안으로 넣으면 1점
농구	자유투 라인에서 공을 바스켓으로 던져 넣으면 1점(파울이 선언되었을 때 이렇게 해요). 3점 라인 안쪽에서 공을 던져 바스켓에 넣으면 2점. 3점 라인 바깥쪽에서 공을 던져 바스켓에 넣으면 3점.
미식축구	터치다운 시 6점(선수가 공을 가지고 상대편의 골라인을 넘어갔을 때). 터치다운 직후 공을 차서 골대를 통과하면 1점 추가. 필드골 하나당 3점(공을 차서 골대를 통과했을 때). 세이프티 하나당 2점(공을 가진 공격팀 선수가 본인 진영의 엔드존에서 태클을 당했을 때).

개인 스포츠	득점
테니스	경기에서 이기려면 2~3개의 세트를 먼저 따내야 합니다. 각 세트는 최소 6개의 게임으로 이루어집니다. 한 게임을 따려면 4점이 필요합니다. 점수는 1점(피프틴), 2점(서티), 3점(포티) 그리고 게임으로 올라갑니다. 공을 상대편 선수가 제대로 받아치지 못하면 점수를 얻게 됩니다.
수영, 달리기, 사이클링	경기마다 시간을 측정합니다. 가장 빠른 시간 안에 경기를 끝낸 선수가 우승합니다.

※ 위 운동은 팀 경기도 가능합니다. 이 경우, 팀의 종합 점수와 시간을 계산합니다.

통계로 보는 스포츠

여러분은 수영팀의 통계 자료를 분석하는 임무를 맡았습니다. 코치가 가장 빠른 선수 4명을 계주 경기에 선발하고자 합니다. 이번 건 꽤 쉬워요. 경기에서 선수들이 낸 기록을 찾아보면 되거든요.

400미터 계주에서 선수들은 100미터씩 자유형으로 헤엄칩니다. 100미터 자유형 개인전에서 선수들의 기록을 항상 측정해 왔기 때문에 정답을 쉽게 찾을 수 있습니다. 아래 표에서 기록이 가장 빠른 선수 4명을 고르기만 하면 돼요. 따라서 선수 A, B, D, F를 고르면 됩니다.

이번에는 400미터 혼계영에 출전할 선수들을 골라 볼까요? 혼계영에서는 첫 주자가 배영으로 100미터, 두 번째 주자가 평영으로 100미터, 세 번째 주자가 접영으로 100미터, 네 번째 주자가 자유형으로 100미터를 헤

	수영 선수					
	A	B	C	D	E	F
100미터 자유형	58.5초	58.9초	60.1초	57.9초	59초	58.4초
100미터 배영	1분 7초	1분 6초	1분 5초	1분 5.2초	1분 8초	1분 4.8초
100미터 평영	1분 15초	1분 14.8초	1분 15.3초	1분 17.1초	1분 16.7초	1분 15.6초
100미터 접영	1분 0.5초	1분 1.3초	1분 1.8초	1분 0.3초	1분 2.1초	59초

엄칩니다. 통계 자료를 유심히 살펴봐야 해요.

선수 D는 자유형에서 기록이 가장 빠를 뿐만 아니라 접영에서는 두 번째로 빠릅니다. 선수 F는 배영과 접영에서 모두 가장 빠릅니다. 선수 B는 평영에서 가장 빠릅니다. 코치는 통계의 도움을 받아야 해요. 선수를 선발하기 위해서는 기록을 잘 살펴봐야 합니다. 하지만 결정은 수영 선수들이 원하는 바와 코치가 어떤 상황을 팀에 최선으로 보는지에 달려 있어요. 어떤 결정을 내려야 할까요?

선수 B는 평영 기록이 가장 빠르니까 평영 주자로 뽑는 거예요. 선수 D는 자유형 주자로 뽑고요. 선수 F는 배영 주자로 뽑습니다. 첫 주자로서 가장 빠르게 앞서 갈 수 있을 테니까요. 그러면 선수 A는 자연스럽게 접영 주자가 됩니다. 좋은 조합인 것 같네요. 통계를 활용하면 합리적인 선택을 내리는 데 도움을 받을 수 있습니다.

이러한 전략은 트랙을 도는 육상 경기와 사이클링 경기에도 적용됩니다. 두 스포츠 모두 개인 기록과 팀 기록을 기반으로 하니까요. 별로 어렵지 않은 것 같죠? 위 통계 자료는 분석이나 비교가 쉬운 편이었습니다. 이번에는 좀 더 복잡한 문제를 풀어 볼 거예요.

축구

축구에서도 각 선수는 물론, 팀 전체의 통계 자료를 수집합니다. 덕분에 코치는 선수들을 비교하고 최고의 성과를 낼 사람을 선발할 수 있습니다. 선수를 적합한 포지션에 배치하기도 하고요. 축구 통계 자료는 다음 항목을 포함합니다.

- **득점:** 골을 넣음

- **도움:** 득점으로 연결되도록 공을 패스했는지

- **슈팅:** 선수가 골을 넣기 위해 공을 몇 번 찼는지

- **득점 대비 슈팅률:** 슈팅 횟수를 득점수로 나눈 것

- **플레이 시간:** 각 팀원이 경기에서 몇 분 뛰었는지

- **파울:** 옐로카드나 레드카드를 몇 번 받았는지

궁금증 해결! 개인 기록 측정하기

계주 경기를 뛰는 동안, 선수들의 개인 기록을 측정해야 할 때가 있습니다. 그럴 땐 시계가 여러 개 있으면 쉬워요. 팀에서 다음 선수가 출발할 때 시계의 시간을 '0'으로 맞추고 시작하면 됩니다. 만약 시계가 하나밖에 없다면 시간을 분할해서 기록해야 합니다. 그러면 선수들의 개인 기록은 측정하면서 총 시간은 멈추지 않습니다.

총 시간은 선수 4명의 기록을 모두 합한 시간입니다. 이게 왜 중요할까요? 코치와 통계 전문가들은 시간을 나누어서 기록으로 남깁니다. 다른 선수들과 기록을 비교하기 위해서예요. 누가 가장 빠른지, 또 선수마다 어느 상황에서 기록이 가장 좋은지를 알 수 있습니다.

어떤 선수는 시작에 강할 수도 있습니다. 마무리에 강할 수도 있고요. 계주 경기가 시작하고 중간쯤 빛을 발하는 선수도 있습니다. 선수마다 조금씩 달라요. 단순히 한 선수가 다른 선수보다 빠르거나 느려서 그런 건 아니에요. 계주 경기에서는 주자마다 가야 하는 거리가 다르기 때문입니다.

예를 들어 계주 경기에서 첫 번째 주자는 출발선에서 시작해 레인의 초반부까지만

뛰면 됩니다. 두 번째 주자는 레인을 전부 달리고 다음으로 넘어가기 때문에 다른 순서보다 몇 미터 더 달리게 됩니다. 세 번째 주자도 마찬가지입니다. 마지막 주자는 가장 짧은 거리를 달립니다.

개인 기록을 측정해 봅시다. 대체로 모든 시계에는 분할 버튼이 있습니다(여러분의 시계에도 있는지 확인해 보세요). 그럼 어떻게 기록해야 할까요? 첫 번째 선수가 출발하면 측정을 시작합니다. 그리고 다음 선수가 첫 번째 선수에게 바통을 이어받아 출발할 때 시계에 있는 분할 버튼을 누르면 됩니다.

골키퍼에게는 다른 기준이 적용됩니다.

- **세이브:** 골대를 향해 날아온 공을 몇 번 막았는지
- **실점:** 골을 몇 번이나 허용했는지

이 외에도 공을 몇 번이나 터치했는지, 몇 번 패스했는지, 얼마나 점유하고 있었는지 등 항목은 훨씬 다양합니다. 전부 기록할 만큼 시간이 충분한지가 문제예요. 통계를 모두 살펴볼 시간이 있는지도 문제고요.

농구

농구에서도 여느 스포츠와 마찬가지로 팀과 선수의 통계를 수집합니다. 팀마다 알아야 하는 중요한 정보는 다음과 같습니다.

- **경기당 점수:** 한 경기에서 팀이 획득한 총점
- **경기당 리바운드:** 바스켓으로 공을 던졌으나 들어가지 않고 튕겨 나온 횟수
- **경기당 도움:** 다른 선수가 골을 넣도록 도와준 횟수
- **경기당 블록:** 상대편 선수가 골을 넣기 위해 던진 공을 성공적으로 방해한 횟수
- **경기당 스틸:** 상대편 선수에게서 공을 빼앗은 횟수
- **경기당 필드골 성공률:** 한 경기에서 골을 넣은 횟수를 슈팅 횟수로 나눈 것
- **경기당 3점 슛:** 3점 라인 뒤편에서 공을 던져 3점 슛을 성공한 횟수
- **3점 슛 성공률:** 3점 슛을 성공한 횟수를 시도한 횟수로 나눈 것
- **경기당 자유투:** 한 경기에서 각 팀이 자유투를 던진 횟수

농구 코트

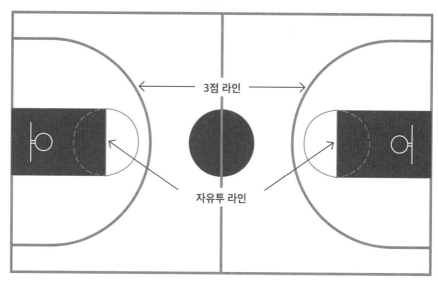

이 통계는 선수 개개인에게도 똑같이 적용됩니다. 이 자료를 통해 코치는 각 선수의 실력을 파악할 수 있어요. 당연히 다른 사람들도 이 자료를 활용하죠. 스포츠 아나운서, 팬, 심지어 다른 팀도요!

사람들은 통계를 이용해 가장 좋아하는 선수와 팀에 대해 이야기를 나눕니다. 여러분이 가장 좋아하는 선수는 누군가요? 그 선수의 통계를 알고 있나요? 그 선수가 속한 팀의 통계 자료는요? 이미 잘 알고 있을지도 모르겠네요. 열혈 팬들이 최신 통계 자료를 훤히 꿰고 있는 건 아주 흔한 일이거든요.

미식축구

미식축구에서는 경기의 모든 방면에서 통계 자료를 수집합니다. 몇 가지 예만 들어 볼게요. 선수가 몇 야드(1야드당 약 0.9미터)를 달려가는지, 패스를 할 때는 공이 몇 야드를 날아가는지, 쿼터백이 컴플리션이나 인터셉션을 얼마나 자주 던지는지 그리고 키커가 필드골을 몇 번이나 성공시키는지 같은 것들이요. 사람들이 미식축구에서 주목하는 통계 몇 가지를 살펴봅시다.

- **경기당 점수:** 총 점수를 경기 횟수로 나눈 것
- **러싱 야드:** 공을 든 선수가 태클을 당하지 않고 나아간 거리
- **경기당 러싱 야드:** 총 러싱 야드를 경기 횟수로 나눈 것
- **패싱 야드:** 쿼터백이 패스한 공을 리시버가 잡고 나아간 거리
- **경기당 패싱 야드:** 총 패싱 야드를 경기 횟수로 나눈 것

궁금증 해결! 쿼터백 평가하기

미식축구 하면 가장 먼저 떠오르는 포지션은 무엇인가요? 아마 쿼터백일 거예요. 쿼터백은 보통 가장 눈에 띄는 선수죠. 모든 공격 상황, 즉 공을 가지고 득점을 만들려는 순간에 개입하는 선수니까요. 사실 쿼터백은 경기 전체를 이끄는 역할을 합니다. 패스를 하고, 러닝백에게 공을 넘겨주며, 다른 선수가 공을 던질 수 있도록 기회를 만들어 주거든요. 실력 좋은 쿼터백이 있느냐 없느냐는 팀에 무척 중요합니다. 따라서 쿼터백에게만 적용되는 통계가 있는 것도 이상한 일이 아니죠. 코치가 쿼터백의 경기력을 파악할 수 있으니까요. 쿼터백은 이 통계에 따라 순위가 매겨지기도 합니다. 다음은 예시로 만든 미국 프로 미식축구 리그(NFL)의 쿼터백 통계 자료입니다.

Att	534	쿼터백이 공을 몇 번 던졌는지 시도 횟수
Comp	365	공을 패스해서 다른 선수가 성공적으로 받은 컴플리션 횟수
Pct Comp	68.4	컴플리션 횟수를 시도 횟수로 나눈 비율
Yds	4,985	리시버가 공을 잡고 몇 야드를 나아갔는지 나타낸 패싱 야드
Yds/Att	9.3	리시버가 공을 잡을 때마다 평균적으로 몇 야드를 나아갔는지
TD	32	쿼터백이 던지거나 달려가서 터치다운을 해낸 횟수
Int	16	쿼터백이 던진 공을 상대편이 잡은 인터셉션 횟수
Rating	105	쿼터백의 경기력을 분석하는 데 쓰이는 지표인 패서 레이팅

패서 레이팅을 계산하는 건 꽤 복잡합니다. 아래처럼 A, B, C, D로 식을 나눠서 마지막에 합치는 게 가장 좋은 방법이에요. 표의 수치를 활용해서 계산했을 때 패서 레이팅은 105가 나옵니다. 패서 레이팅이 100 이상이면 쿼터백의 실력이 좋다는 뜻입니다. 평균적인 쿼터백의 패서 레이팅은 80에서 100 사이입니다. 80보다 작은 경우에는 쿼터백의 실력이 좋다고 할 수 없겠죠.

$$A = \left(\frac{Comp}{Att} - 0.3 \right) \times 5 \qquad B = \left(\frac{Yds}{Att} - 3 \right) \times 0.25$$

$$C = \frac{Td}{Att} \times 20 \qquad D = 2.375 - \left(\frac{Int}{Att} \times 25 \right)$$

$$\Rightarrow \left(\frac{A + B + C + D}{6} \right) \times 100$$

야구

야구에서는 선수마다 수집하는 통계가 아홉 가지나 돼요. 하지만 야구 팬들이 궁금해하는 통계는 이것보다 훨씬 많답니다. 공간이 부족해서 이 책에 모든 걸 담지는 못했어요. 혹시 궁금하다면 인터넷에 '야구 통계'를 검색해 보세요. 즐겁게 살펴볼 만한 자료가 수도 없이 쏟아질 거예요. 야구 팬들과 기나긴 대화를 이어 가는 데 충분한 자료를 얻을 수 있을걸요? 통계 자료를 보기 위해 알아야 하는 용어는 다음과 같습니다.

- **스트라이크 아웃(K):** 배트를 휘둘렀지만 공을 맞히지 못한 게 세 번일 때
- **볼넷(BB):** 스트라이크존을 벗어난 공 4개를 치지 않았을 때로, 심판이 선수에게 1루로 진출할 것을 명한다.
- **실책(E):** 선수가 저지른 실수로 상대편 타자가 살거나 주자가 진루하는 경우
- **자살(PO):** 야수가 플라이볼을 잡았을 때, 송구를 받아서 주자를 아웃시켰을 때, 베이스에서 벗어나 있던 주자를 태그했을 때 주자는 아웃이 되며 경기장에서 퇴장해 선수 대기석으로 돌아가야 한다. 각 팀은 회당 아웃을 세 번 받는다.
- **야수 선택(FC):** 상대편이 다른 선수를 아웃시키려고 한 덕분에 타자가 1루에 진출하게 되었을 때
- **희생 번트(SH):** 타자가 자기편 주자를 진루시키려고 일부러 아웃당할 때
- **타수(AB):** 타자가 타석에서 공을 칠 때, 타격을 하거나 스트라이크 아웃을 당하거나 실책을 하거나 야수 선택의 상황이 된다. 이 통계치는 한 경기에서 타석에 선 타자가 타격을 완료한 횟수를 나타낸다. 볼넷, 희생 번트, 타자가 공에 맞았을 때는 제외한다.

- **득점(R):** 선수가 본루를 통과해 점수를 획득했을 때

- **타점(RBI):** 타자의 타격으로 같은 팀 선수가 본루를 통과해 득점을 올렸을 때

- **안타(H):** 타자가 공을 쳐서 베이스에 나아가게 되었을 때

위 수치들은 경기 도중에 전부 집계됩니다. 예를 들어 각 선수가 새롭게 득점을 하면 총득점이 올라가는 거예요. 이는 모든 수치에 동일하게 적용됩니다.

다음 세 가지 통계는 선수가 얼마나 타격을 잘하는지 보여 줍니다. 첫 번째는 '타율(AVG 또는 BA)'입니다. 선수의 안타를 타수로 나눈 값입니다. 이는 경기 단위가 아닌, 시즌 단위로 계산됩니다. 선수들을 비교하기 쉽기

	타수	득점	안타	타점	볼넷	스트라이크 아웃
1번 선수 (3루수)	4	1	1	0	0	1
2번 선수 (우익수)	4	1	1	1	0	1
3번 선수 (2루수)	3	0	0	0	0	1
4번 선수 (포수)	1	0	0	0	1	0
5번 선수 (지명 디지)	3	0	0	0	0	1

궁금증 해결! 좋은 타율이란?

자신의 타율이 좋은지 나쁜지 어떻게 알 수 있을까요? 메이저리그 선수들에게 요구되는 최소 타율은 보통 0.250 안팎입니다. 메이저리그에서 실력이 좋은 타자로 여겨지려면 0.300은 되어야 하고요. 뛰어난 타자가 되고 싶다면 타율이 0.350까지 나와야 합니다. 그 이상이 되면 아주 경이로운 수준이에요.

때문입니다. 어떤 선수가 한 경기에서 타율이 높아도 다른 경기에서는 아닐 수도 있으니까요. 표에서 2번 선수는 이번 시즌에 4타수 1안타의 기록을 보였습니다. 그렇다면 타율은 1을 4로 나눈 값인 0.250이 됩니다.

$$타율 = \frac{안타}{타수}$$

두 번째는 '출루율(OBP)'입니다. 이 수치는 타자가 베이스로 얼마나 자주 진출하는지 나타냅니다. 안타, 볼넷, 데드볼(사구)이 계산에 포함됩니다. 실책과 야수 선택은 포함되지 않습니다. 출루율을 통해 코치는 선수가 베이스에 진출할 확률이 얼마나 될지 가늠합니다. 몇몇 야구단에서는 선수들의 타율보다 출루율을 더 중요하게 생각합니다. 베이스에 진출하는 횟수가 많아질수록 득점 확률이 커지기 때문입니다. 출루율을 계산하려면 안타, 볼넷, 데드볼을 모두 더한 값을 타수, 볼넷, 데드볼 그리고 희생플라이를 모두 더한 값으로 나누면 됩니다.

$$출루율 = \frac{안타 + 볼넷 + 데드볼}{타수 + 볼넷 + 데드볼 + 희생플라이}$$

출루율을 어떻게 활용할까요? 전체 리그의 평균 출루율을 팀 선수들의 출루율과 비교합니다. 평균 출루율은 매년 바뀌지만 보통 0.300에서 0.325 사이입니다. 평균 출루율은 타율보다 0.06 정도 높습니다. 따라서 전체 리그의 타율은 0.240에서 0.265 사이입니다. 꽤 표준화된 값이죠. 본인의 출루율이 리그의 평균 출루율에 가깝다면 잘하고 있는 거예요.

세 번째는 '장타율(SLG)'입니다. 장타율을 통해 타자가 어떤 유형의 타격을 하는지, 그 타격으로 몇 루까지 진출하는지 알 수 있습니다. 타석에서 멀리 있는 베이스로 진출하게 한 안타일수록 가중치를 줘서 모두 더한 뒤 타수로 나누면 됩니다.

$$장타율 = \frac{1루타 + (2루타 \times 2) + (3루타 \times 3) + (홈런 \times 4)}{타수}$$

좋은 장타율은 어느 정도일까요? 0.350에 가깝다면 괜찮은 수준입니다. 이때 출루율이 0.400이라면 더 좋고요. 장타율이 0.450이라면 훌륭한 편이고, 0.550이면 정말 대단한 수준이에요!

지금까지 살펴본 통계는 대체로 선수가 각각 어떻게 공격적으로 경기하는지, 언제 타격을 하는지 알려 줍니다. 그라운드에서 어떻게 경기하는지 알기 위해서는 또 다른 통계를 살펴봐야 하죠. 투수는 어떨까요? 투수도 고유한 통계가 있습니다. 야구는 수학과 아주 가까운 스포츠예요!

백분율과 확률 계산하기

스포츠 팬들은 백분율에 대해 이야기하는 걸 좋아합니다. 팀, 코치, 선수 개개인의 승률을 알고 싶나요? 농구 선수 1명이 코트의 다양한 구역에서 슛을 쏘아 올릴 확률은요? 팀이 플레이오프에 진출할 확률이 궁금한가요? 계산하는 방법이 다 있답니다. 이런 계산식들은 대체로 복잡하고 최신 자료가 필요합니다. 시즌 전반에 걸쳐 팀의 자료를 수집해 어떻게 될지 예측할 수 있어야 한다는 뜻이에요.

확률은 무언가 일어날 가능성입니다. 예측이 실제로 맞아떨어지냐고요? 그럴 때도 있고, 아닐 때도 있어요. 확률은 선수들의 컨디션이나 팀워크 같은 인적 요인을 고려하지 않거든요. 이길 확률이 낮은 팀도 훌륭한 경기를 치러서 막강한 라이벌을 꺾을 수 있습니다. 하지만 스포츠를 좋아한다면 사람들이 특히 눈여겨보는 백분율과 확률이 무엇인지 알고 있는게 좋습니다. 상대와 재밌는 대화를 이어 나가기 위해서라도요.

승률, 이길까? 질까?

내가 응원하는 팀의 운명이 어떻게 될지 빨리 알고 싶을 때가 있을 거예요. 승패를 계산하는 건 매우 간단합니다. 경기에서 이긴 횟수를 지금껏 경기한 횟수로 나누고 100을 곱하면 승률이 나옵니다. 시즌별로 계산하거나 팀이 생겨났을 때부터 전부 계산할 수도 있어요.

$$승률 = \frac{이긴\ 경기의\ 수}{전체\ 경기의\ 수} \times 100$$

팀에서 1년에 경기를 80번 하고 55번 이겼다면 승률은 다음과 같습니다. 55를 80으로 나누면 0.69가 나오고, 여기에 100을 곱하면 승률은 약 69퍼센트가 됩니다.

괜찮은 수치예요. 경기에서 이길 확률이 50퍼센트는 넘는 거니까요. 승률이 좋은 팀이 되고 싶다면 65~70퍼센트는 되어야 합니다. 이것보다 높으면 더 좋고요! 코치에게도 마찬가지입니다.

보통은 팀에서 코치가 승률을 계산합니다. 승률로 코치들끼리 서로 비교가 가능하거든요. 코치에게 승률은 중요합니다. 승률이 높다면 코치는 계속 재계약을 할 수 있고 연봉도 높아질 거예요. 승률이 낮다면요? 그 코치는 금세 팀과 이별하겠죠.

슈팅 성공률은 위치마다 다를까?

농구를 하나요? 그렇다면 골을 넣는 데 다양한 요소가 영향을 미치는 걸 알고 있겠네요. 그중 한 가지가 코트에 선 선수의 위치입니다. 누구든 같은 위치에 있으면 슈팅 성공률이 똑같다고 생각할 수도 있겠죠. 하지만 아닙니다. 재밌게도 바스켓에 가깝지만 옆쪽에 치우쳐서 던지는 걸 더 어려워하는 선수도 있거든요.

슈팅 성공률은 선수에 따라 달라집니다. 전체 팀의 슈팅 성공률 또한 선수 개개인의 슈팅 성공률과는 많이 다를 거예요. 왜 그럴까요? 각 선수의 슈팅 성공률은 자기가 잘하고 많이 던진 슈팅이 모여 이루어졌을 테니까요. 슬램 덩크를 잘하거나 3점 슛을 잘 던질 수도 있어요. 그게 슈팅 성공률에 반영됩니다.

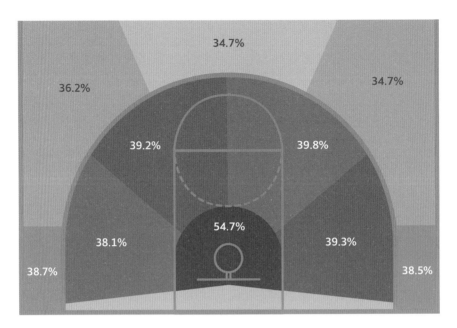

NBA 필드골 성공률

위 그림은 NBA 전체의 필드골 성공률을 표현한 예시입니다. 농구 골대는 그림에서 아래쪽에 있습니다. 골대 주변은 당연히 득점 확률이 높아요. 왜 그럴까요? 혹시 농구 경기를 본 적 있나요? 선수들은 보통 바스켓 쪽으로 가까이 다가와 공을 던집니다. 이 구역에서 멀어질수록 골을 넣을 확률이 급격히 낮아지는 게 보일 거예요. 하지만 다른 구역의 수치도 34퍼센트에서 39퍼센트 사이입니다. 공을 세 번 던졌을 때 하나가 들어갈 확률보다 약간 더 높죠. 괜찮은 수준이에요. 여러분의 확률은 어떤가요?

이제 선수마다 통계가 어떤지 살펴봅시다. 오른쪽 그림을 보면 구역마다 숫자가 2개씩 나란히 적혀 있습니다. 예를 들어 '310/423'처럼요. 이 숫자는 바스켓 근처에서 슈팅을 총 423번 시도하고 310번 득점했다는 뜻입

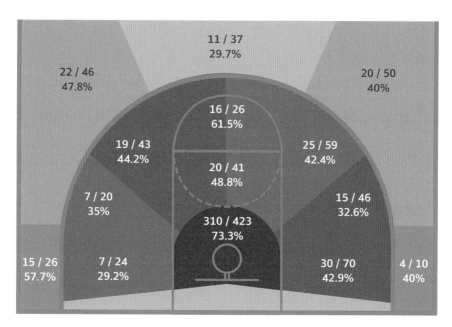

11 / 37
29.7%

22 / 46
47.8%

20 / 50
40%

16 / 26
61.5%

19 / 43
44.2%

25 / 59
42.4%

20 / 41
48.8%

7 / 20
35%

15 / 46
32.6%

310 / 423
73.3%

15 / 26
57.7%

7 / 24
29.2%

30 / 70
42.9%

4 / 10
40%

개인 필드골 성공률

니다. 310을 423으로 나눈 뒤 100을 곱하면 73.3퍼센트가 됩니다.

이 선수는 바스켓 근처와 센터 서클의 꼭대기(이곳을 '키'라고 해요) 지점에서 슈팅을 아주 잘하는 것으로 보입니다. 하지만 다른 곳에서는 그렇지 않죠. 코치에게는 이런 정보가 필요합니다. 선수마다 자기 강점을 활용해서 경기를 뛰게 할 수 있거든요. 선수가 슈팅을 가장 많이 성공하는 곳에 있을 때 그 선수에게 공을 넘겨주는 식으로요.

이 그림을 보면 선수가 슈팅을 할 때 어떤 위치를 선호하는지도 알 수 있습니다. 어떻게 알 수 있을까요? 각기 다른 곳에서 쏘아 올린 슈팅의 횟수를 보세요. 바스켓 오른쪽에서 시도한 슈팅 횟수가 왼쪽에서 시도한 슈팅 횟수보다 약 3배 더 많습니다.

이런 정보는 코치는 물론 다른 팀에게도 중요합니다. 만약 내가 다른 팀 선수라면 이런 정보에 관심이 생기지 않을까요? 생각해 보세요. 이 선수가 오른쪽 슈팅을 선호한다는 걸 안다면 슈팅을 방해하기 위해 그쪽으로 최고의 수비수를 붙일 거예요. 그 선수를 반대쪽으로 몰아내면 슈팅 성공률도 줄어들겠죠. 경기에서는 이렇게 전략을 짭니다.

슈팅 효율성을 구하라!

코치들은 각 선수의 슈팅 효율성을 알고 싶어 합니다. 슈팅을 했을 때 얼마나 득점으로 연결되는지가 중요하다는 뜻이죠. 그러기 위해서는 선수마다 슈팅 효율성을 계산해야 합니다. 이것도 계산이 조금 복잡해요.

총 5단계로 나눠 차례차례 살펴보겠습니다. 먼저 1단계는 계산할 경기 수를 결정해야 합니다. 전체 시즌으로 할지 아니면 시즌의 절반만 할지를 정합니다. 2단계는 자유투를 시도한 횟수에 0.44를 곱합니다. 자유투가

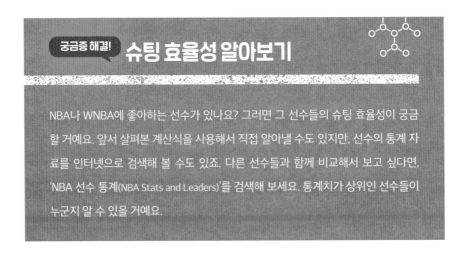

궁금증 해결! 슈팅 효율성 알아보기

NBA나 WNBA에 좋아하는 선수가 있나요? 그러면 그 선수들의 슈팅 효율성이 궁금할 거예요. 앞서 살펴본 계산식을 사용해서 직접 알아낼 수도 있지만, 선수의 통계 자료를 인터넷으로 검색해 볼 수도 있죠. 다른 선수들과 함께 비교해서 보고 싶다면, 'NBA 선수 통계(NBA Stats and Leaders)'를 검색해 보세요. 통계치가 상위인 선수들이 누군지 알 수 있을 거예요.

	전체 시즌		
	자유투 시도 횟수	필드골 시도 횟수	총득점
선수 A	858	1909	2818

꼭 득점으로 연결될 필요는 없습니다. 3단계에서는 2단계에서 구한 값에 필드골을 시도한 횟수를 더합니다. 그리고 4단계에서 다시 2를 곱합니다. 마지막으로 5단계에서 총득점을 4단계에서 구한 값으로 나누면 슈팅 효율성이 나옵니다.

다 이해됐나요? 아니라고요? 괜찮아요. 예시를 함께 볼게요. 위 표는 전체 시즌에서 선수 A의 통계입니다. 아래를 따라 순서대로 계산해 보세요. 선수 A의 슈팅 효율성은 0.62가 됩니다.

1단계: 전체 시즌에 대해 계산합니다.

2단계: $858 \times 0.44 = 377.52$

3단계: $377.52 + 1909 = 2286.52$

4단계: $2286.52 \times 2 = 4573.04$

5단계: $2818 \div 4573.04 = 0.62$

승패를 좌우하는 3점 슛 성공률

3점 슛은 점수를 빠르게 올릴 수 있는 방법 가운데 하나입니다. 선수들이 3점 라인 뒤에서 슈팅하는 실력은 크게 발전하고 있습니다. 왜 3점 라인 뒤에서 슈팅을 하면 점수를 더 많이 받을까요? 이 거리에서 슈팅에 성공하기 어렵기 때문이죠. 3점 라인 뒤에서 바스켓까지 적당한 각도를 찾아 아주 강한 힘으로 공을 밀어 보내야 합니다. 이 슈팅을 성공한 선수들에게는 추가 점수를 줘서 노력을 인정해 주는 거예요.

각 팀은 3점 라인 뒤에서 꾸준하게 득점을 내서 점수를 빠르게 올려 줄 선수가 자기편에 있는지 따져 봅니다. 따라서 코치들은 3점 라인 뒤에서 슈팅을 하는 선수들의 통계치를 꾸준히 수집합니다.

3점 숫 성공률을 계산하는 방법은 간단합니다. 경기당 3점 숫 성공 횟수를 총 슈팅 횟수로 나누고 100을 곱해 주면 됩니다.

$$3점 \ 숫 \ 성공률 = \frac{경기당 \ 3점 \ 숫 \ 성공 \ 횟수}{경기당 \ 슈팅 \ 횟수} \times 100$$

예를 들어 선수 S가 한 게임에서 슈팅을 45번 해서 필드골을 15번 넣고 3점 숫을 10번 넣었습니다. 이 선수의 3점 숫 성공률은 얼마나 될까요?

$$(10 \div 45) \times 100 = 22.2퍼센트$$

NBA 전체의 평균 3점 숫 성공률은 36퍼센트입니다. 이것보다 확률이 높으면 실력이 좋은 거예요. 전체 팀의 3점 숫 성공률이 38퍼센트라면, 팀이 플레이오프에 진출할 거라는 추측을 해볼 수 있습니다. 이제 팀에 3점 숫에 강한 선수가 있는 게 얼마나 중요한지 알겠죠? 코치들과 통계 전문가들이 이 통계치를 꾸준히 수집하는 것도 당연합니다.

홈런을 칠 확률을 높이려면?

야구 팬들은 정말 다양한 통계 자료를 숙지하고 있습니다. 그걸 전부 살펴보기는 쉽지 않아요. 그중에서도 가장 궁금할 만한 통계 자료(여러분이 야구 선수라면요!)를 소개할게요. 홈런을 칠 확률은 얼마나 될까요? 고려해야 할 요소는 정말 많습니다.

먼저 야구를 하는 경기장입니다. 야구장에서 뒤쪽 펜스가 얼마나 멀리 떨어져 있나요? 홈런을 치기 위해서는 공이 펜스를 넘어가야 합니다. 그러므로 공을 쳐서 보내야 하는 거리는 분명 중요한 요소죠.

다음으로 공을 치는 방향입니다. 여기에는 속도, 각도 그리고 실제로 공을 치는 방향이 포함됩니다. 공이 높고 곧게 날아가나요? 왼쪽으로 낮게 꺾여서 날아가나요? 이 모든 것이 홈런을 칠 수 있을지 말지를 결정합니다.

홈런을 칠 확률을 간단하게 알고 싶다면 이번 시즌에 친 홈런 개수를 타석에 선 횟수로 나누고 100을 곱하면 됩니다. 예를 들어 선수 T가 이번 시즌에 1,864번 타석에 섰고, 25번 홈런을 쳤다고 합시다. 이 선수가 홈런을 칠 확률은 얼마나 될까요?

$$(25 \div 1,864) \times 100 = 1.3퍼센트$$

간단히 말해, 선수 T는 100번 중 1.3번 홈런을 칩니다.

궁금증 해결! 전력을 다해 홈런!

영어로 "swinging for the fences"라는 표현을 들어 본 적 있나요? 우리말로 '펜스를 향해 배트를 휘두르다'라는 이 말은 '전력을 다하다'라는 뜻으로 써요. 타자가 펜스 너머로 공을 날려 보내는 홈런을 치기 위해 배트를 있는 힘껏 휘두른다는 뜻에서 유래했답니다. 조금 오래된 표현일지는 몰라도 뜻은 그렇지 않아요. 많은 야구 선수가 홈런을 꿈꾸거든요. 다른 선수보다 특히 더 홈런을 바라는 선수도 있고요. 계산법을 보면 홈런을 치는 게 쉽지는 않아 보여요. 확률을 높일 수 있는 방법도 있을까요? 그럼요. 다음 방법을 따르면 홈런을 칠 확률이 올라갈 거예요.

- 되도록 탄소 소재인 콤퍼짓 배트(나무로 만든 것 말고요!)를 사용합니다. 콤퍼짓 배트가 공에 더 강한 힘을 전달하기 때문입니다.
- 최대한 빠르게 휘두르거나 묵직한 배트를 사용합니다.
- 아주 덥고 습한 경기장에서 경기를 하면 공을 더 멀리 보낼 수 있습니다. 고도는 높을수록 좋습니다. 고도가 높으면 공기가 희박해서 공이 더 오래 떠있거든요.
- 다른 경기장보다 펜스가 본루에서 멀리 떨어진 경기장이 있습니다. 본루와 펜스가 가까운 경기장에서는 홈런을 칠 가능성이 더 커요.
- 배트의 스위트 스폿에 공을 맞힙니다.
- 25~30도 사이로 공을 때립니다. 공에 충분한 상승력이 가해져 공이 가장 멀리 나아갈 수 있는 최적의 각도거든요.

투수의 평균 자책점

미식축구 코치가 쿼터백의 경기력을 알고 싶어 하듯이 야구 코치도 투수의 실력을 확인하고 싶어 합니다. 투수가 경기하는 방식이 경기에 막대한 영향을 미치니까요. 투수가 스트라이크 아웃을 많이 이끌어 내면 상대편은 득점 가능성이 적어집니다. 투수가 안타나 홈런을 많이 허용한다면, 글쎄요. 큰 점수로 이어지겠죠(상대편에게요!). 분명히 코치가 원하는 그림은 아닐 거예요.

투수의 경기력은 어떻게 평가할 수 있을까요? '평균 자책점(ERA)'을 계산하면 됩니다. 평균 자책점은 투수가 회(이닝)당 얻게 된 자책점입니다. 왜 '자책점'이라는 말을 쓸까요? 투수에게 책임이 있는 실점이기 때문입니다. 따라서 투수가 아닌 야수의 실책이나 패스트볼(포수가 놓쳐 버린 투구)로 잃은 점수는 제외합니다.

평균 자책점을 계산하려면 세 가지를 알아야 합니다. 투수가 경기한 이닝의 수, 자책점, 총 이닝의 수입니다. 다음은 계산법입니다.

$$평균\ 자책점 = \frac{자책점 \times 총\ 이닝의\ 수}{투수가\ 경기한\ 이닝의\ 수}$$

예를 들어 선수 Z가 6이닝을 뛰고, 자책점이 8점이라고 해봅시다. 평균 자책점은 총 9회로 이루어지는 일반 경기를 기준으로 합니다. 따라서 경기한 총 횟수는 항상 9입니다. 이 선수의 평균 자책점을 계산하면 12가 나옵니다. 그렇다면 좋은 평균 자책점은 어느 정도일까요?

- 3~4면 아주 훌륭한 수준입니다.
- 4~5는 메이저리그 투수의 평균입니다.
- 5를 넘어서면 평균 이하입니다.

물론 이건 경기 하나에 대한 평균 자책점을 계산하는 방법일 뿐입니다. 평균 자책점은 보통 시즌 전체에 걸쳐 계산합니다. 투수로서 득점을 많이 허용하는 나쁜 경기를 펼치는 날도 있겠죠. 하지만 선수 Z가 계속해서 이렇게 높은 평균 자책점을 낸다면, 결국에는 다른 포지션으로 이동하게 될 겁니다.

야구 경기에서 쓰는 확률과 백분율 통계는 무수히 많습니다. 스포츠의 통계 자료가 전부 얼마나 될지 상상해 보세요! 맞아요. 세상 어딘가에는 20년 전에 했던 미식축구 경기의 통계 자료를 알고 있는 사람, 오래전에 허물어진 경기장에서 한 선수가 홈런을 칠 확률을 알고 있는 사람도 있어요.

스포츠 통계치를 꾸준하게 수집하는 건 재밌는 일입니다. 어떤 사람은 통계 자료를 이용해 자기만의 팀을 구성하고, 그 팀이 다른 팀에 대항해 경기하도록 합니다. 이게 무슨 뜻일까요? '판타지 스포츠'에 대해 들어 본 적 있나요? 판타지 스포츠는 팬층이 꽤 두텁기도 하지만, 그 자체로 재밌는 게임이에요. 단 재미로 즐겨야 해요. 내기를 걸지는 말고요.

판타지 스포츠란?

판타지 스포츠는 스포츠 팬들이 가상의 팀을 만들어 승부를 겨루는 게임입니다. 예를 들어 친구들과 미식축구 팀을 만든다고 가정해 보세요. 각자 자기만의 팀(팀 이름도 지어 보세요!)을 만들고 선수들을 구성하는 거예요. 실제 팀처럼요. 이 과정의 핵심은 어느 팀 선수든 자기 팀에 합류시킬 수 있다는 겁니다. 유일한 규칙은 인원 제한이 있다는 것뿐, 다른 제약은 없습니다.

판타지 스포츠는 어떻게 경기할까요? 실제 선수들이 보여 주는 경기력을 바탕으로 개별 선수의 통계를 추적합니다. 선수들은 각자 자신의 성과에 대한 점수를 얻습니다. 한 주 동안 내가 만든 팀 선수들이 얻은 점수를 전부 합산합니다. 이때 여러분의 팀이 친구의 팀보다 점수가 높으면 승리하는 거예요. 각자 자신이 만든 팀에 대해 살펴볼 통계 자료는 무수히 많습니다. 통계는 보통 팀 통계, 선수 통계 그리고 포지션 통계(러닝백, 리시버 등)로 나뉩니다.

여러분이 숫자와 통계를 사랑한다면 판타지 스포츠가 딱 맞을 거예요. 다시 한번 말하지만 내기가 아니라 재미로 해야 해요. 스포츠와 수학을 가지고 노는 건 재밌으니까요. 이보다 더 좋은 조합이 있을까요?

완벽한 기술 선보이기

통계와 확률은 수학과 스포츠를 떠올릴 때 가장 먼저 생각할 수 있는 두 가지입니다. 하지만 이 두 가지를 다르게 조합하는 방법도 있어요. 체조 선수와 피겨 스케이팅 선수들이 어떻게 놀라운 기술들을 선보이는지 궁금했던 적 있나요? 공중에 떠올라 어떻게 두 번, 세 번 돌 수 있는 걸까요? 그게 가능하다는 걸 애초에 어떻게 알았을까요? 바로 수학 덕분입니다.

피겨 스케이팅의 트리플 악셀

피겨 스케이팅에서 가장 멋지고 아름다운 점프 중 하나는 트리플 악셀입니다. 실제로 트리플 악셀을 본 적 있나요? 정말 놀라워요. 피겨 스케이팅 선수가 속도를 높여서 스케이트 한쪽의 바깥쪽 날을 밀며 공중으로 날아오르고, 세 바퀴 반을 돕니다. 그리고 다른 쪽 스케이트의 바깥쪽 날로 뒤를 돌아 착지해요. 간단할 것 같죠? 아니에요. 2018년까지 대회에서 트리플 악셀을 성공한 여자 선수는 겨우 9명뿐이었습니다. 트리플 악셀은 왜 그렇게 어려울까요? 아주 큰 힘과 한쪽 발로 착지하는 정확성이 필요

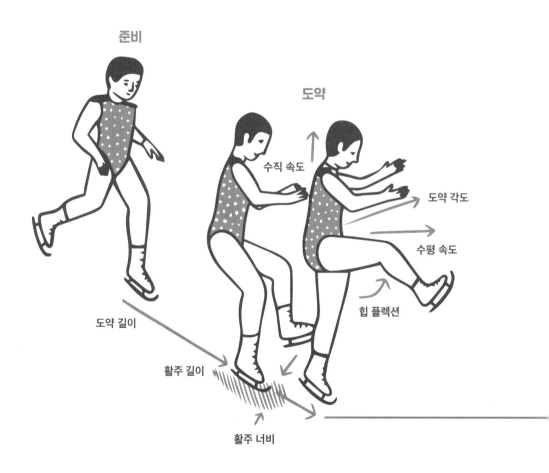

하기 때문이에요. 물리학과 수학을 통해 자세히 살펴봅시다.

트리플 악셀을 어떻게 뛸지 결정하는 요소는 정말 복잡합니다. 코치들은 보통 선수의 영상을 찍어 신체가 어떻게 작동하는지 생체 역학을 분석합니다. 보통 첫 점프가 세 바퀴 반을 회전할 수 있을 만큼 충분히 높아야 합니다. 이때 선수가 맞서야 하는 커다란 힘은 뭘까요? 중력입니다. 앞서 배웠다시피 물체가 공중으로 떠오르면 중력이 그 물체를 다시 밑으로 끌

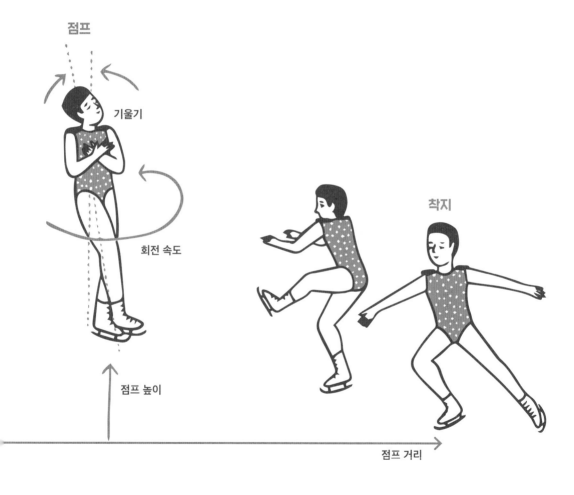

어당기니까요.

스케이팅 선수는 먼저 엄청난 속도를 만들어 내야 합니다. 그래서 선수들이 스케이트를 타고 얼음판을 누비는 거예요. 그동안 선수는 수평 속도를 모읍니다. 그리고 슝! 최대한 높이 점프해야 해요. 속도가 초당 4.8미터에 가깝기를 바라면서요. 이 속도는 공중에서 한 바퀴 반을 도는 싱글 악셀을 할 때보다 14퍼센트 더 빠른 속도입니다. 왜 이렇게 빨라야 할까요? 속도가 빠르면 선수가 공중으로 더 높이 뜰 수 있거든요. 추진력을 얻기 위해 다리를 끌어 올리면 트리플 악셀을 뛰는 데 도움이 됩니다.

일단 공중에 떠오르면 모든 걸 단단히 끌어당겨야 합니다. 팔을 가슴으로 모으고, 다리를 한데 감습니다. 몸을 되도록 작게 만들어 빠르게 회전할 수 있도록 하는 거예요. 몸이 너무 많이 뻗어 있으면 회전 속도가 느려집니다. 그러면 다시 얼음판 위로 착지하기 전까지 세 바퀴 반의 회전을 완수할 수 없겠죠.

마지막 반 바퀴에 다다르면 뛰어올랐던 발과 반대 발로 착지해야 합니다. 신체의 모든 힘이 발에 모이는데, 그 힘은 선수 몸무게의 8~10배에 다다릅니다. 쿵! 정말 큰 힘이에요. 하지만 선수는 이 놀라운 점프를 아주 쉽고 우아하게 성공해 냅니다.

피겨 스케이팅 선수들이 실제로 점프를 뛸 때 물리학과 수학을 생각할까요? 아니요, 선수는 자세를 유지하는 데 집중합니다. 고개를 높이 들고 팔은 가슴에 단단히 고정한 채, 다리를 꼬았다가 풀며 적절한 순간에 착지합니다. 이 점프를 잘할 수 있으려면 수없는 연습을 반복해야 합니다. 몸을 훈련하고, 머리로는 올바로 점프를 성공하는 게 어떤 느낌인지 알아야 해요. 이런 점프를 통달하는 건 멀고도 험난하지만, 대회에서 그 점프를 제대로 뛴다면 분명 가치가 있는 일입니다.

체조의 플립, 트위스트, 턴

체조 경기를 즐겨 본다면, 체조 선수들이 경기 중에 플립(공중제비), 트위스트(공중 비틀기) 그리고 턴(회전)을 선보이는 모습을 봤을 거예요. 체조 선수들은 말 그대로 하늘 높이 날아올랐다가 우아하게 착지합니다. 마루 운동은 엄청난 플립을 감상할 수 있는 종목입니다. 경기장 바닥에는 탄성을 주는 스프링이 깔려 있어서 선수가 착지할 때 완충 작용을 하죠. 하지만 체조 선수들이 그렇게 높이 떠올라 여러 차례 트위스트와 플립을 선보일 수 있는 건 단순히 바닥 때문은 아니에요.

시몬 바일스는 당대 최고의 체조 선수로 자신만의 플립을 만들어 냈습니다. 그 플립은 '트리플 더블'입니다. 백플립 두 번에 트위스트를 세 번 하는 기술이에요. 상상이 안 된다고요? 눈앞에서 보면 정말 아름답습니다. 바일스의 플립을 분석한다면 이런 식일 거예요.

'회전 관성(관성 모멘트)'은 신체가 움직임을 시작하는 순간입니다. 각 움직임은 그 움직임만의 회전 관성이 있어요. '회전 가속도'는 선수가 회전할 때의 속도입니다. '돌림힘'은 물체를 회전하게 하는 힘을 측정한 것이고요.

보다시피 꽤 복잡하죠. 바일스는 공중으로 거의 3미터를 뛰어올라 이 기술을 완성합니다. 키가 겨우 142센티미터에 불과한 선수에게는 그야말로 엄청난 성과예요. 바일스는 바닥에서 아주 힘차게 뛰어올라 바닥의 탄

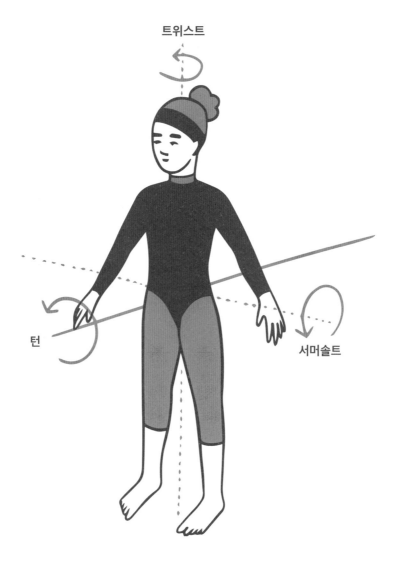

트위스트

턴

서머솔트

회전
관성 × 회전
가속도 = 돌림힘

성을 받고 마치 로켓처럼 공중으로 솟아오릅니다. 동시에 플립과 턴 역시 정확하게 소화해야 하죠. 몸을 계속 단단하게 감아서 속도를 유지하고, 땅에 완벽하게 착지합니다. 대단한 기술이죠!

이번 장을 읽고 나서 스포츠에서 수학이 얼마나 중요한지 깨달았기를 바랄게요. 수학은 선수와 팀의 점수를 기록하고, 성과를 분석하고, 선수들이 물리학적으로 놀라운 업적을 이루도록 도와주니까요. 이제 수학 시간에 더 집중할 이유가 생겼죠?

수학, 물리학, 공학, 생물학이 없으면 스포츠도 존재하지 않습니다. 힘과 동작에 대한 이해 없이 어떻게 성능이 좋은 테니스 라켓이나 골프채를 만들 수 있겠어요? 재료와 신체 역학에 대해서도 이해가 필요합니다. 과학과 스포츠는 영원히 떼려야 뗄 수 없는 관계예요. 다음번에 훈련을 하며 경기장을 달릴 때는 이 사실을 잊지 마세요.

스포츠는 사회에서 큰 부분을 차지합니다. 수만 명의 사람들이 스포츠를 즐기고, 스포츠 경기를 보고, 스포츠에 대해 이야기하죠. 오늘날 과학은 스포츠에 어떤 도움을 주고 있을까요? 책을 다시 천천히 넘기면서 정답을 찾아가 보세요. 아마 이 책을 읽어서 다행이라고 생각할 거예요. 혹시 또 모르죠. 여러분이 모르고 있던 무언가를 배우게 될지도요. 바로 스포츠 과학의 비밀을요!

이기고 싶으면 스포츠 과학

인포그래픽으로 보는 수학, 물리학, 공학, 생물학의 비밀

초판 1쇄 2022년 9월 7일

지은이 제니퍼 스완슨
옮긴이 조윤진

펴낸이 김한청
기획편집 원경은 김지연 차언조 양희우 유자영 김병수 장주희
마케팅 최지애 현승원
디자인 이성아 박다애
운영 최원준 설채린

펴낸곳 도서출판 다른
출판등록 2004년 9월 2일 제2013-000194호
주소 서울시 마포구 양화로 64 서교제일빌딩 902호
전화 02-3143-6478 팩스 02-3143-6479 이메일 khc15968@hanmail.net
블로그 blog.naver.com/darun_pub 인스타그램 @darunpublishers

ISBN 979-11-5633-495-8 43400